创客训练营

Arduino 物联网
应用技能实训

肖明耀　张天洪　郭惠婷　姚文慧　折占平　编著

中国电力出版社
CHINA ELECTRIC POWER PRESS

内容提要

Arduino 是全球最流行的开源硬件和软件开发平台集合体，Arduino 易于学习和上手，其简单的开发方式使得创客开发者集中关注创意与实现，开发者可以借助 Arduino 快速完成自己的项目。

本书遵循"以能力培养为核心，以技能训练为主线，以理论知识为支撑"的编写思想，采用基于工作过程的任务驱动教学模式，使用基于 ESP8266Wi-Fi 模块的 WeMos D1 开发板，应用 Arduino IDE 开发环境及编程方法，以 31 个任务实训课题为载体，使读者了解 ESP8266Wi-Fi 模块的工作原理，学习网络基础知识，学会以创建站点 STA、软接入点 SoftAP，建立 Wi-Fi 连接，创建 Web 服务器，实现 TCP Server、TCP Client、UDP、mDNS 等服务功能，开发智能云控服务，学会 Arduino 物联网程序设计和编程技巧及其操作方法，提高 Arduino 物联网开发的应用技能。

本书由浅入深、通俗易懂、注重应用，便于创客学习物联网开发知识和技能训练，可作为大中专院校机电类专业学生的理论学习与实训教材，也可作为物联网开发人员技能培训教材，还可供相关工程技术人员参考。

图书在版编目（CIP）数据

Arduino 物联网应用技能实训 / 肖明耀等编著 . —
北京：中国电力出版社，2022.3
（创客训练营）
ISBN 978-7-5198-6003-5

Ⅰ. ① A… Ⅱ. ①肖… Ⅲ. ①单片微型计算机 - 应用
- 通信网 - 研究 Ⅳ. ① TN915

中国版本图书馆 CIP 数据核字（2021）第 187955 号

出版发行：中国电力出版社
地　　址：北京市东城区北京站西街 19 号（邮政编码 100005）
网　　址：http://www.cepp.sgcc.com.cn
责任编辑：杨　扬（010-63412524）
责任校对：黄　蓓　郝军燕
装帧设计：张俊霞
责任印制：杨晓东

印　　刷：北京雁林吉兆印刷有限公司
版　　次：2022 年 3 月第一版
印　　次：2022 年 3 月北京第一次印刷
开　　本：787 毫米 ×1092 毫米　16 开本
印　　张：12.75
字　　数：340 千字
定　　价：55.00 元

前　言

　　"创客训练营"丛书是为了支持大众创业、万众创新，为创客实现创新提供技术支持的应用技能训练丛书，本书是"创客训练营"丛书之一。

　　Arduino 是全球最流行的开源硬件和软件开发平台集合体，Arduino 的简单开发方式使得创客开发者集中关注创意与实现，Arduino 学习便捷，容易上手，开发者可以借助 Arduino 快速完成自己的项目。

　　本书遵循"以能力培养为核心，以技能训练为主线，以理论知识为支撑"的编写思想，采用基于工作过程的任务驱动教学模式，使用基于 ESP8266Wi-Fi 模块的 WeMos D1 开发板，应用 Arduino IDE 开发环境及编程方法，以 31 个任务实训课题为载体，使读者了解 ESP8266Wi-Fi 模块的工作原理，学习网络基础知识、学会创建站点 STA 和软接入点 SoftAP，建立 Wi-Fi 连接，创建 Web 服务器，实现 TCP Server、TCP Client、UDP、mDNS 等服务功能，开发智能云控服务，学会 Arduino 物联网程序设计和编程技巧及其操作方法，提高 Arduino 物联网开发的应用技能。

　　全书分为认识 Arduino 物联网开发板、搭建物联网开发环境、学习 Arduino 编程技术、物联网开发基础、串口通信与控制、EEPROM 读写、编写 Arduino 类库、I^2C 通信、物联网网络通信、传感器应用、网页配置与网络认证、物联网综合应用十二个项目，每个项目设有一个或多个训练任务，通过任务驱动技能训练，读者能够快速掌握 ESP826Wi-Fi 模块的基础知识，掌握 Arduino 物联网开发程序的设计方法与技巧。项目后面设有习题，用于技能提高训练，全面提高读者 ESP8266Wi-Fi 模块的综合应用能力。

　　本书由肖明耀、张天洪、郭惠婷、姚文慧、折占平编著。

　　本书在撰写过程中，参考了很多开源项目、技术文档和应用案例，在此对相关作者表示衷心的感谢。同时感谢深圳四博智联科技有限公司在网上提供了 ESPDuino 开发板和基于 ESPDuino 的智慧物联开发宝典等相关学习资料，感谢穆穆电子在网上提供 WeMos D1 Wi-Fi 开发板，为我们的学习和实验提供了技术支持。

　　由于编写时间仓促，加上作者水平有限，书中难免存在错误和不妥之处，恳请广大读者批评指正，请将意见发至 szxiaomingyao@163.com，不胜感谢。

编　者

请扫码下载
本书配套数字资源

目　录

学习目标

（1）了解 Arduino 的硬件和软件。
（2）认识 Arduino 物联网开发板。
（3）学会使用 Arduino 开发工具。

任务1　认识 Arduino 物联网开发板

基础知识

一、Arduino 开发板

1. Arduino

Arduino 是全球最流行的开源硬件和软件开发平台集合体，Arduino 的简单开发方式使得创客开发者集中关注创意与实现，Arduino 学习便捷，容易上手，开发者可以借助 Arduino 快速完成自己的项目。

2. Arduino 硬件

（1）Arduino Uno 开发板（见图 1-1）。Arduino Uno 开发板以 ATmega328 MCU 控制器为基础，具备 14 路数字输入/输出引脚（其中 6 路可用于 PWM 输出）、6 路模拟输入、一个 16MHz 陶瓷谐振器、一个 USB 接口、一个电源插座、一个 ICSP 接头和一个复位按钮。

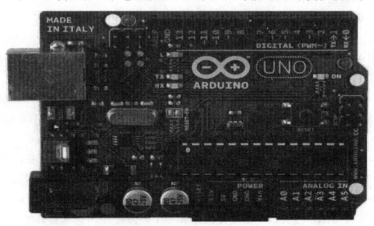

图 1-1　Arduino Uno 开发板

基本性能：

1）Digital I/O（数字输入/输出端）：0~13。

2）Analog I/O（模拟输入/输出端）：A0 ~ A5。

3）支持 USB 接口协议及供电（不需外接电源）。

4）支持 ISP 下载功能。

5）支持单片机 TX/RX 端子。

6）支持 AREF 端子。

7）支持六组 PWM 端子（Pin11、Pin10、Pin9、Pin6、Pin5、Pin3）。

8）输入电压：接上 USB 时无须外部供电或外部 5 ~ 9V DC 输入。

9）输出电压：5V DC 输出和 3.3V DC 输出和外部电源输入。

　　Arduino Uno 是使用最广泛的 Arduino 控制器，具有 Arduino 的所有功能，是初学者的最佳选择，读者在掌握 Arduino Uno 开发技术技巧后，就可以将自己的代码移植到其他型号的控制器上，完成新项目的开发。

　　（2）Arduino Leonardo 开发板。Arduino Leonardo 以功能强大的 ATmega32U4 为基础。它使用集成 USB 功能的 AVR 单片机作主控芯片，提供 20 路数字输入/输出引脚（其中 7 路可用作 PWM 输出、12 路用作模拟输入），一个 16MHz 晶体振荡器、微型 USB 接口、一个电源插座、一个 ICSP 接头和一个复位按钮。

　　Arduino Leonardo 不仅具备其他 Arduino 控制器的所有功能，还可以轻松模拟鼠标、键盘等 USB 设备。

基本性能：

1）微控制器：ATmega32U4。

2）工作电压：5V。

3）输入电压（推荐）：7 ~ 12V。

4）输入电压（限制）：6 ~ 20V。

5）数字 I/O 引脚：20 路。

6）PWM 通道：7 路。

7）模拟输入通道：12 路。

8）每个 I/O 直流输出能力：40mA。

9）3.3V 端口输出能力：50mA。

10）Flash Memory：32KB（ATmega32U4），其中 4KB 由引导程序使用。

11）SRAM：2.5KB（ATmega32U4）。

12）EEPROM：1KB（ATmega32U4）。

13）时钟速度：16MHz。

　　（3）Arduino Due 开发板（见图 1-2）。与一般的使用通用 8 位 AVR 单片机的 Arduino 控制器不同，Arduino Due 是一款基于 ARM Cortex-M3 的以 Atmel SMART SAM3X8E CPU 作主控芯片的板卡。

　　Arduino Due 作为首款基于 32 位 ARM 核心微控制器的 Arduino 板卡，集成多种外部设备，配备 54 路数字输入/输出引脚（其中 12 路可用于 PWM 输出）、12 路模拟输出、4 个 UART（硬件串行端口）、84MHz 时钟、可用连接 2 个 DAC（数字—模拟）、2 个 TWI、一个电源插座、一个 SPI 接头、一个 JTAG 接头、一个复位按钮和一个擦除按钮。它具有其他 Arduino 控制器无法比拟的优越性能，是功能相对强大的控制器。

　　与其他 Arduino 板卡不同的是，Arduino Due 使用 3.3V 电压。输入/输出引脚最大容许电压为 3.3V，若使用更高电压或将 5V 电压用于输入/输出引脚，可能会造成板卡损坏。

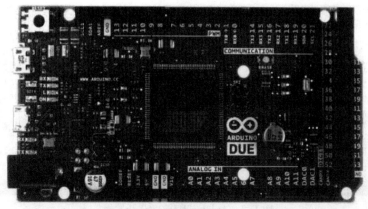

图1-2 Arduino Due 开发板

（4）Arduino Micro 开发板。Arduino Micro 开发板是由 Arduino 与 Adafruit 联合开发的板卡，配有20路输入/输出引脚（其中7路可用于 PWM 输出、12路用于模拟输入）、一个16MHz 晶体振荡器、一个微型 USB 接口、一个 ICSP 接头和一个复位按钮。

Arduino Micro 包含支持微处理器所需的全部配置，只需使用微型 USB 线将其与计算机连接，即可启动。

（5）Arduino Robot 开发板。Arduino Robot 是 Arduino 正式发布的首款配对产品，配有两个处理器，分别用于两块电路板，电动板驱动电动机，控制板负责读取传感器并确定操作方法。它们是基于 ATmega32U4 的装置，是完全可编程的，使用 Arduino IDE 即可进行编程。具体来说，Arduino Robot 的配置与 Arduino Leonardo 的配置程序相似，因为两款板卡的 MCU 均提供内置 USB 通信，有效避免使用辅助处理器。因此，对于联网计算机来说，Arduino Robot 就是一个虚拟（CDC）串行/CO 端口。

（6）Arduino Esplora 开发板。Arduino Esplora 是一款由 ATmega32U4 供电，以 Arduino Leonardo 为基础开发而成的微控制器板卡。该板卡专为不具备电子学应用基础，但想直接使用 Arduino 的创客和 DIY 爱好者而设计。

Arduino Esplora 具备板上声光输出功能，配有若干输入传感器，包括一个操纵杆、滑块、温度传感器、加速度传感器、麦克风和一个光传感器。Arduino Esplora 具备扩展潜力，还可配置两个 Tinkerkit 输入/输出接头，配置适用于彩色 TFTLCD 屏幕的插座。

（7）Arduino Mega2560 开发板（见图1-3）。Arduino Mega2560 配有54路数字输入/输出引脚（其中15路可用于 PWM 输出）、16路模拟输入、4个 UART（硬件串行端口）、一个16MHz 晶体振荡器、一个 USB 接口、一个电源插座、一个 ICSP 接头和一个复位按钮。用户只需使用 USB 线将 Arduino Mega2560 连接到计算机，并使用交/直流适配器或电池提供电力，即可启动。

Arduino Mega2560 是一种增强型的 Arduino 控制器，以 ATmega2560 为核心处理器。相对于 Arduino Uno 控制器，它提供了更多的输入/输出接口，可以控制更多的设备，以及拥有更大的程序空间和内存，可以完成较大的项目。

基本性能：

1）处理器：ATmega2560。

2）工作电压：5V。

3）输入电压（推荐）：7~12V。

4）输入电压（范围）：6~20V。

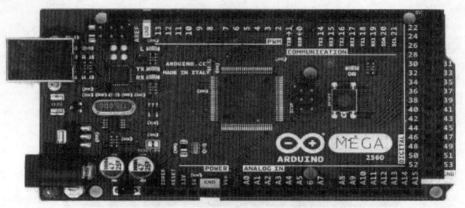

图1-3   Arduino Mega2560 开发板

5）数字 I/O 接口：54 路（其中 16 路作为 PWM 输出）。

6）模拟输入接口：16 路。

7）I/O 接口直流电流：40mA。

8）3.3V 接口直流电流：50mA。

9）Flash Memory：256KB（ATmega328，其中 8KB 用于 bootloader）。

10）SRAM：8KB。

11）EEPROM：4KB。

12）工作时钟：16MHz。

（8）Arduino Mini 开发板。Arduino Mini 最初采用 ATmega168 作为其核心处理器，现已改用 ATmega328，Arduino Mini 的设计宗旨是实现 Mini 在电路板应用或极需空间的项目中的应用。

Arduino Mini 板卡配有 14 路数字输入/输出引脚（其中 6 路用于 PWM 输出）、8 路模拟输入、一个 16MHz 晶体振荡器。用户可通过 USB 或 RS232-TTL 串行适配器对 Arduino Mini 进行程序设定。

（9）Arduino Nano 开发板（见图 1-4）。Arduino Nano 是一款基于 ATmega328（Arduino Nano 3.x）或 ATmega168（Arduino Nano 2.x）的开发卡，它体积小巧，功能全面，需要外部模块配合来完成程序下载。

图1-4   Arduino Nano 开发板

1）处理器：ATmega168 或 ATmega328。

2）工作电压：5V。

3）输入电压（推荐）：7 ~ 12V。

4）输入电压（范围）：6 ~ 20V。

5）数字 I/O 接口：14 路（其中 6 路作为 PWM 输出）。

6）模拟输入接口：6 路。

7）I/O 接口直流电流：40mA。

8）Flash Memory：16KB 或 32KB（其中 2KB 用于 bootloader）。

9）SRAM：1KB 或 2KB。

10）EEPROM：0.5KB 或 1KB（ATmega328）。

11）USB 接口。

12）工作时钟：16MHz。

（10）Arduino Pro Mini 开发板。Arduino Pro Mini 采用 ATmega328 作为核心处理器，配备 14 路数字输入/输出引脚（其中 6 路用于 PWM 输出）、8 路模拟输入、一个板上谐振器、一个复位按钮和若干用于安装引脚接头的小孔。Arduino Pro Mini 另备一个配有 6 个引脚的接头，可连接至 FTDI 电缆或 Sparkfun 分接板，为此板卡提供 USB 电源与通信。

（11）Arduino Zero 开发板。Arduino Zero 是 Atmel 与 Arduino 合作推出的一款简洁、优雅、功能强大的 32 位平台扩展板。

Arduino Zero 板卡使用 Atmel 公司的 ARM Cortex M0 芯片作主控芯片，以 SMART SAMD21 MCU 作为处理器，使用嵌入式调试器 EDBG 调试端口，可以联机进行单步调试，极大降低了 Arduino 开发调试的难度。

（12）Arduino 外围模块。Arduino 可以通过各种外围扩展板或模块与各种开关、传感器、通信设备、显示设备组合连接，完成各种特定的功能。

二、ESP8266 Wi-Fi 物联网开发板

1. ESP8266 Wi-Fi 模块

ESP8266-12F Wi-Fi 模块是由深圳市安信可科技有限公司开发的基于乐鑫 ESP8266EX 的模块，该模块核心处理器 ESP8266 在较小尺寸封装中集成了业界领先的 Tensilica L106 超低功耗 32 位微型 MCU，带有 16 位精简模式，主频支持 80MHz 和 160MHz，支持 RTOS，集成 Wi-Fi MAC/BB/RF/PA/LNA，板载天线。

ESP8266 Wi-Fi 模块支持标准的 IEEE 802.11 b/g/n 协议，完整的 TCP/IP 协议栈。用户可以使用该模块为现有的设备添加联网功能，也可以构建独立的网络控制器。

ESP8266 Wi-Fi 模块是高性能无线 SOC（system on chip），称为系统级芯片，也称片上系统，以最低成本提供最大实用性，为 Wi-Fi 功能嵌入其他系统提供无限可能。

ESP8266EX 结构图，见图 1-5。

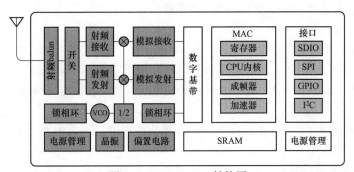

图 1-5　ESP8266EX 结构图

ESP8266EX 是一个完整且自成体系的 Wi-Fi 网络解决方案，能够独立运行，也可以作为从机搭载于其他主机 MCU 运行。ESP8266EX 在搭载应用并作为设备中唯一的应用处理器时，能够直接从外接闪存中启动。内置的高速缓冲存储器有利于提高系统性能，并减少内存需求。

另外一种情况是，ESP8266 负责无线上网接入、承担 Wi-Fi 适配器的任务时，可以将其添加到任何基于微控制器的设计中，连接简单易行，只需通过 SPI/SDIO 接口或 I²C/UART 接口即可。

ESP8266 强大的片上处理和存储能力，使其可通过 GPIO 口集成传感器及其他应用的特定设备，实现了最低前期开发和运行中最少占用系统资源。

ESP8266EX 高度片内集成，包括天线开关 balun、电源管理转换器，因此仅需极少的外部电路，且包括前端模组在内的整个解决方案，在设计时将所占 PCB 空间降到最低。

装有 ESP8266EX 的系统表现出来的领先特征包括：节能、在睡眠/唤醒模式之间的快速切换、配合低功率操作的自适应无线电偏置、前端信号的处理、故障排除。它和无线电系统共存的特性为消除蜂窝/蓝牙/DDR/LVDS/LCD 干扰。

真正让 ESP8266 普及的是 ESP8266 core for Arduino 这个库。这个 Arduino 库允许在开发中直接用 Arduino IDE 给 ESP8266 模块编程，使 ESP8266 的使用门槛再次降低，方便已经熟悉 Arduino 编程的人快速上手。

ESP8266 的特性如下：

（1）802.11 b/g/n。

（2）内置 Tensilica L106。

（3）超低功耗 32 位微型 MCU，主频支持 80MHz 和 160MHz，支持 RTOS。

（4）内置 10bit 高精度 ADC，内置 TCP/IP 协议栈。

（5）内置 TR 开关、balun、LNA、功率放大器和匹配网络。

（6）内置 PLL、稳压器和电源管理组件，802.11b 模式下+20dBm 的输出功率。

（7）MPDU、A-MSDU 的聚合和 0.4s 的保护间隔。

（8）Wi-Fi@2.4 GHz，支持 WPA/WPA2 安全模式。

（9）支持 AT 远程升级及云端 OTA 升级。

（10）支持 STA/AP/STA+AP 工作模式。

（11）支持 Smart Config 功能（包括 Android 和 iOS 设备）。

（12）H5P1、UART、I²C、I²S、IR Remote Control、PWM、GPIO。

（13）深度睡眠保持电流为 10μA，关断电流小于 5μA。

（14）2ms 之内唤醒、连接并传递数据包。

（15）待机状态消耗功率小于 1.0mW（DTIM3）。

（16）工作温度范围：-400 ~ 1250℃。

2. WeMos D1 物联网开发板

WeMos D1 R2 Wi-Fi UNO ESP8266 模块开发板，简称 WeMos D1 开发板，见图1-6。

WeMos D1 是一款便宜的物联网开发板，安装硬件包后，直接用 Arduino IDE 开发，跟 Arduino UNO 操作方法相同。

WeMos D1 物联网开发板除了能作为 Wi-Fi 模块使用外，因其内置了 32 位 MCU 微处理，还可以进行二次开发。

基于 ESP8266 的软件开发，可以使用其自身的 SDK 开发软件，也可以使用 Arduino。

基于 ESP8266 的 Wi-Fi 模块有三种工作模式：AP 模式、STA 模式和 AP+STA 兼容模式。

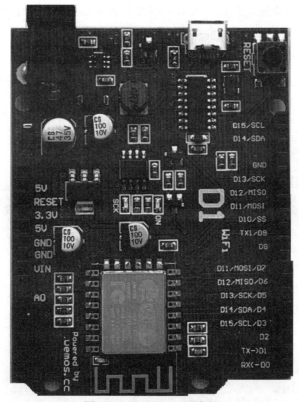

图 1-6　WeMos D1 开发板

基于 ESP8266Wi-Fi 模块也可以当串口转 Wi-Fi 使用。

WeMos D1 物联网开发板引脚说明见表 1-1。

表 1-1　　　　　　　　　　　WeMos D1 物联网开发板引脚说明

引脚	说明	IC 内部引脚
D0（RX）	串口接收	GPIO3
D1（TX）	串口发送	GPIO1
D2	I/O，不支持中断，PWM、I^2C 及 1-wire	GPIO16
D3/SCL/D15	I/O，默认情况下，I^2C 的 SCL	GPIO5
D4/SDA/D14	I/O，默认情况下，I^2C 的 SDA	GPIO4
D5/SCK/D13	I/O，SPI 时钟	GPIO14
D6/MISO/D12	I/O，SPI 的 MISO	GPIO12
D7/MOSI/D11	I/O，SPI 的 MOSI	GPIO13
D8	I/O，上拉，低电平时，进入 FLASH 模式	GPIO0
D9/TX1	I/O，上拉	GPIO2
D10/SS	I/O，下拉，SPI 时，默认为 SS	GPIO15
A0	AD 输入，0～3.3 V	ADC

所有的 I/O 引脚工作电压均为 3.3 V，可瞬间承受 5 V。除 D2 外，所有 I/O 引脚都支持中断、PWM、I^2C 和 1-Wire。

WeMos D1 物联网开发板具有 11 个 I/O 引脚及 1 个 ADC 引脚，而且具有 4MB Flash、32KB SRAM、80KB DRAM，可扩充的潜力非常大。

技能训练

一、训练目标

（1）了解 Arduino 开发板。

（2）认识 ESP8266Wi-Fi 物联网开发板。

二、训练步骤与内容

（1）上网搜索 Arduino Uno 硬件，查看有关 Arduino Uno 硬件的相关文件，了解 Arduino 硬件的发展现状及未来趋势。

（2）认识 Arduino Uno。

1）通过 USB 线将 Arduino Uno 控制器连接计算机的 USB 接口。

2）查看 Arduino Uno 控制器的电源。

3）查看 Arduino Uno 控制器的电源指示灯、串口发送 TX 指示灯、串口接收指示灯、13 号引脚 LED 指示灯。

4）按下复位键，让 Arduino Uno 控制器重新启动运行。

5）查看 Arduino Uno 控制器的输入/输出端口，了解各个端口的功能。

（3）认识 WeMos D1。

1）通过 USB 线将 WeMos D1 开发板连接计算机的 USB 接口。

2）查看 WeMos D1 开发板的电源。

3）查看 WeMos D1 开发板的电源指示灯、串口发送 TX 指示灯、串口接收指示灯、D5 号引脚 LED 指示灯。

4）按下复位键，让 WeMos D1 开发板重新启动运行。

习题1

1. 仔细查看 Arduino Uno 控制板，查看各个接线端分区和名称，查看各指示灯、集成电路芯片，以及各种通信接口。

2. 仔细查看 WeMos D1 开发板，查看各个接线端分区和名称，查看各指示灯、集成电路芯片，以及各种通信接口。

3. 比较 Arduino Uno 控制板与 WeMos D1 开发板输入/输出端，并列表记录。

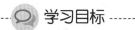 学习目标

（1）学会搭建物联网开发环境。
（2）学会使用 Arduino 开发软件。

任务 2 搭建 Arduino 物联网开发环境

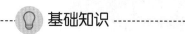 基础知识

一、搭建 Arduino 物联网开发环境

1. 安装 Arduino IDE 开发环境

Arduino 开发 IDE 界面基于开放原始码原则。Arduino 开发软件可以从 Arduino 官网免费下载使用。Arduino 开发软件可以直接安装，也可以下载安装用的压缩文件，经解压后安装。

Arduino 开发软件安装完毕，会在桌面产生一个快捷启动图标"![icon]"。

双击 Arduino 软件快捷启动图标，首先出现的是 Arduino 软件启动画面（见图 2-1）。

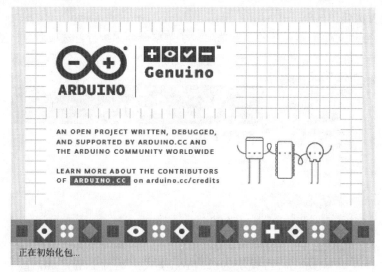

图 2-1 Arduino 软件启动画面

启动完毕，可以看到一个简明的 Arduino 软件开发界面（见图 2-2）。

Arduino 软件开发界面包括菜单栏、工具栏、项目选项卡、程序代码编辑区和调试提示区。

菜单栏有"文件""编辑""项目""工具""帮助"五个主菜单。

图 2-2　Arduino 软件开发界面

工具栏包括校验、下载、新建、打开、保存等快捷工具命令按钮。

相对于 ICC、Keil 等专业开发软件，Arduino 软件开发环境更加简单明了，便捷实用，编程技术基础知识不多的人也可快速学会使用。

2. 配置 ESP8266 开发资源

（1）启动运行 arduino IDE 软件。双击 Arduino 软件快捷启动图标"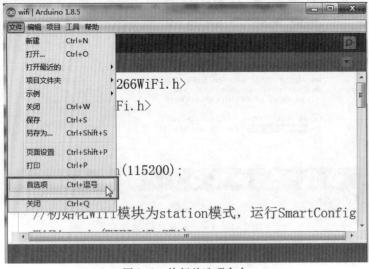"，启动运行 Arduino IDE 软件。

（2）设置首选项。

1）单击执行"文件"菜单下的"首选项"子菜单命令，执行首选项命令，见图 2-3。

图 2-3　执行首选项命令

2）在弹出的首选项界面中，见图 2-4，输入附件开发板管理资源网址"https://Arduino. esp8266. com/stable/package_ esp8266com_ index. json", 这是专为配置 ESP8266 的开发资源。

图2-4 首选项界面

3) 单击"好"按钮确认。

4) 单击执行"工具"菜单下的"开发板"子菜单下的"开发板管理器"命令, 打开开发板管理器, 见图2-5。

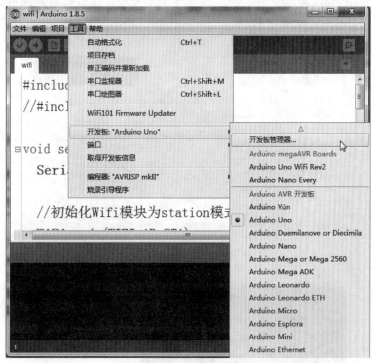

图2-5 打开开发板管理器

　　5）在弹出的开发板管理器对话框搜索栏中，输入"ESP8266"进行搜索，见图2-6，自动弹出 ESP8266 开发包资源版本选择界面。

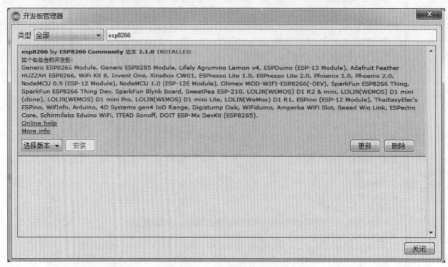

图 2-6　搜索 ESP8266

　　6）单击开发板管理器左下角的"选择版本"，在下拉列表中选择一个新版本，然后单击选择版本边的"安装"按钮，即可完成 ESP8266 开发包的安装。

二、添加物联网开发板

1. 添加 ESP8266 开发板 WeMos D1 R1

　　单击执行"工具"主菜单下的"开发板"子菜单命令，在右侧的开发板选择中，选择"WeMos D1 R1"开发板，见图2-7。

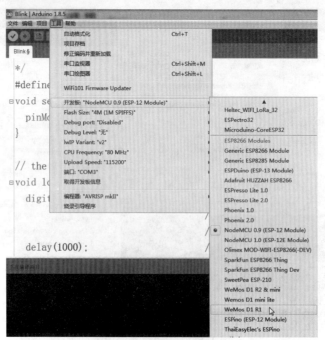

图 2-7　选择 WeMos D1 R1

开发环境使用的开发板是 WeMos D1 R1，开发板设置见图 2-8。

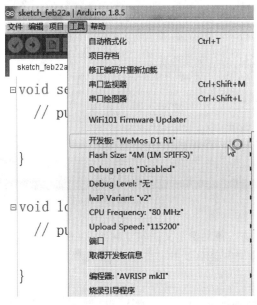

图 2-8　开发板设置

2. 运行样例程序

（1）单击执行"文件"主菜单下的"示例"子菜单命令，在右侧的示例程序选择中，选择示例程序"Blink"，见图 2-9。

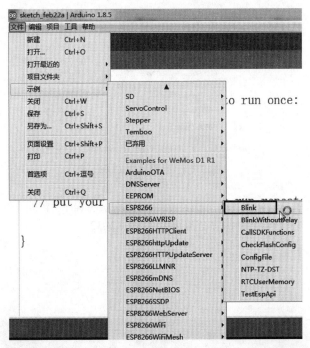

图 2-9　选择示例程序

（2）打开的示例程序 Blink，见图 2-10。

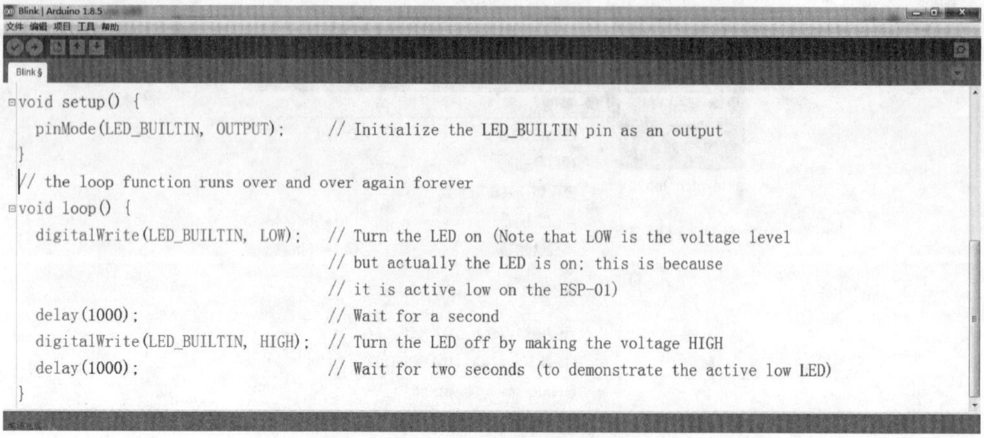

Blink | Arduino 1.8.5
文件 编辑 项目 工具 帮助
Blink§
void setup() {
pinMode(LED_BUILTIN, OUTPUT); // Initialize the LED_BUILTIN pin as an output
}
// the loop function runs over and over again forever
void loop() {
digitalWrite(LED_BUILTIN, LOW); // Turn the LED on (Note that LOW is the voltage level
// but actually the LED is on; this is because
// it is active low on the ESP-01)
delay(1000); // Wait for a second
digitalWrite(LED_BUILTIN, HIGH); // Turn the LED off by making the voltage HIGH
delay(1000); // Wait for two seconds (to demonstrate the active low LED)
}

图 2-10 示例程序 Blink

（3）在示例程序的上方，添加宏定义语句“#define LED_ BUILTIN 14”，完善程序。

（4）单击执行“工具”主菜单下的“端口”子菜单命令，在右侧的端口选择中，选择“COM3”，见图 2-11。

Blink | Arduino 1.8.5
文件 编辑 项目 工具 帮助
Blink§
自动格式化 Ctrl+T
项目存档
修正编码并重新加载
串口监视器 Ctrl+Shift+M
串口绘图器 Ctrl+Shift+L
WiFi101 Firmware Updater
开发板: "WeMos D1 R1"
Flash Size: "4M (1M SPIFFS)"
Debug port: "Disabled"
Debug Level: "无"
lwIP Variant: "v2"
CPU Frequency: "80 MHz"
Upload Speed: "115200"
端口: "COM3"
取得开发板信息
编程器: "AVRISP mkII"
烧录引导程序
串行端口
COM4
COM5
COM6
COM3

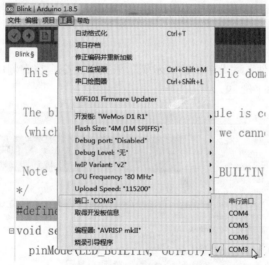

图 2-11 选择端口 COM3

（5）单击执行“项目”菜单下的“上传”子菜单命令，将程序上传到开发板 WeMos D1 R1。

1）单击上传后，系统会自动编译，编译结果见图 2-12。

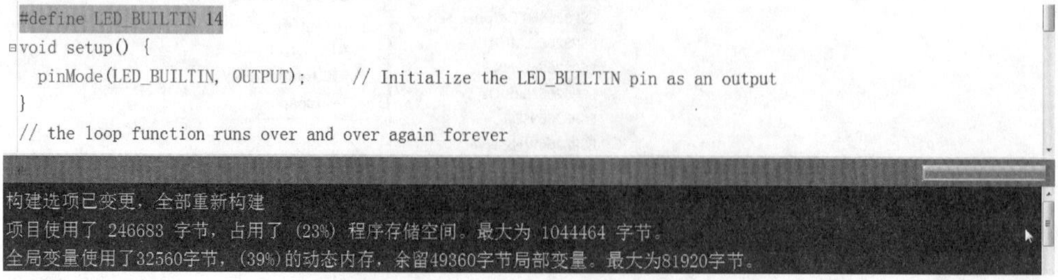

#define LED_BUILTIN 14
void setup() {
pinMode(LED_BUILTIN, OUTPUT); // Initialize the LED_BUILTIN pin as an output
}
// the loop function runs over and over again forever
构建选项已变更，全部重新构建
项目使用了 246683 字节，占用了 (23%) 程序存储空间。最大为 1044464 字节。
全局变量使用了32560字节，(39%)的动态内存，余留49360字节局部变量。最大为81920字节。

图 2-12 编译结果

2）编译完成，无错误，就继续上传到开发板，程序上传见图2-13。

图2-13 程序上传

3）上传完成，连接在开发板 D5 上的 LED 指示开始不断闪烁。

 技能训练

一、训练目标

（1）了解 Arduino IDE。
（2）学会搭建物联网开发环境。

二、训练步骤与内容

（1）安装 Arduino IDE 开发环境。

1）进入 Arduino 官网，下载 Arduino 开发软件。

2）安装 Arduino 开发软件。

（2）配置 ESP8266 开发资源。

1）启动运行 Arduino IDE 软件。双击 Arduino 软件快捷启动图标，启动运行 Arduino IDE 软件。

2）设置首选项。

a）单击执行"文件"菜单下的"首选项"子菜单命令，执行首选项命令。

b）在弹出的首选项界面中，输入附件开发板管理资源网址"https://Arduino.esp8266.com/stable/package_esp8266com_index.json"，单击"好"按钮确认。

c）单击执行"工具"菜单下的"开发板"子菜单下的"开发板管理器"命令，打开开发板管理器。

d）在弹出的开发板管理器对话框搜索栏中，输入"ESP8266"，自动弹出 ESP8266 开发包资源版本选择界面。

e）单击开发板管理器左下角的"选择版本"，在下拉列表中选择一个新版本，然后单击选择版本边的"安装"按钮，即可完成 ESP8266 开发包的安装。

（3）添加物联网开发板。添加 ESP8266 开发板 WeMos D1 R1。单击执行"工具"主菜单下的"开发板"子菜单命令，在右侧的开发板选择中，选择"WeMos D1 R1"开发板。

（4）运行样例程序。

1）单击执行"文件"主菜单下的"示例"子菜单命令，在右侧的示例程序选择中，选择"Blink"。

2）在示例程序的上方，添加宏定义语句"#define LED_ BUILTIN 14"，完善程序。

3）使用 USB 电缆连接 PC 与开发板 WeMos D1 R1。

4）单击执行"工具"主菜单下的"端口"子菜单命令，在右侧的端口选择中，选择"COM3"（根据开发板连接的端口选择）。

5）单击执行"项目"菜单下的"上传"子菜单命令，等待系统自动编译，编译完成，程序上传到开发板 WeMos D1 R1。

6）上传完成，观察连接在开发板 D5 上的 LED 指示状态。

任务3　学用 Arduino 开发工具

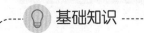 基础知识

一、开发板

1. Arduino Mega2560 开发板（见图 2-14）

Arduino Mega2560 也是采用 USB 接口的核心电路板，它最大的特点就是具有多达 54 路数字输入/输出，特别适合需要大量 I/O 接口的设计。Arduino Mega2560 的处理器核心是 ATmega2560，同时具有 54 路数字输入/输出接口（其中 15 路可作为 PWM 输出）、16 路模拟输入接口、4 路串行通信接口、一个 16MHz 晶体振荡器、一个 USB 接口、一个电源插座、一个 ICSP 插头和一个复位按钮。Arduino Mega2560 也能兼容为 Arduino UNO 设计的扩展板。

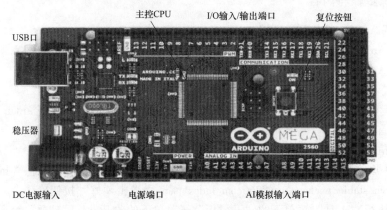

图 2-14　Arduino Mega2560 开发板

Arduino Mega2560 开发板基本性能：

（1）处理器：ATmega2560。

（2）工作电压：5V。

（3）输入电压（推荐）：7~12V。

（4）输入电压（范围）：6~20V。

（5）54 路数字输入/输出接口（其中 15 路作为 PWM 输出）。

（6）4 路串口信号：串口 0-D0（RX），D1（TX）；串口 1-D19（RX），D18（TX）；串口 2-D17（RX），D16（TX）；串口 3-D15（RX），D14（TX）。其中，串口 0 与内部 ATmega8U2 USB-to-TTL 芯片相连，提供 TTL 电压水平的串口接收信号。

（7）6 路外部中断：D2（中断 0）、D3（中断 1）、D18（中断 5）、D19（中断 4）、D20（中断 3）、D21（中断 2）。触发中断引脚，可设成上升沿、下降沿或同时触发。

（8）15 路脉冲宽度调制 PWM：提供 15 路 8 位 PWM 输出，D2 ~ D13、D44 ~ D46。

（9）SPI 通信接口：D53（SS）、D51（MOSI）、D50（MISO）、D52（SC）。

（10）LED（D13）：Arduino 专门用于测试 LED 的保留接口，输出为高时点亮 LED，输出为低时 LED 熄灭。

（11）16 路模拟输入：每一路具有 10 位的分辨率（即输入有 1024 个不同值），默认输入信号范围为 0 ~ 5V，可以通过 AREF 调整输入上限。除此之外，有些引脚有特定功能：

1）TWI：D20（SDA）和 D21（SCL），支持通信接口（兼容 I^2C 总线）。

2）AREF：模拟输入信号的参考电压。

3）Reset：信号为低时复位单片机芯片。

（12）I/O 接口直流电流：40mA。

（13）3.3V 接口直流电流：50mA。

（14）Flash Memory：256KB（ATmega2560，其中 8KB 用于 bootloader）。

（15）SRAM：8KB。

（16）EEPROM：4KB。

（17）工作时钟：16MHz。

2. 接口功能

（1）电源接口。Arduino Mega2560 有三种供电方式：

1）通过 USB 接口供电，电源电压为 5V。

2）通过 DC 电源输入供电，电源电压为 7 ~ 12V。

3）通过电源接口处供电，可选 5V 或 VIN 端口，5V 端口必须接 5V 电源，VIN 端口可连接 7 ~ 12V 电源。

（2）指示灯。

1）电源指示灯 ON。当 Arduino Mega2560 通电时，ON 指示灯亮。

2）串口发送指示灯 TX。当使用 USB 连接计算机且 Arduino Mega2560 向计算机发送数据时，TX 指示灯亮。

3）串口接收指示灯 RX。当使用 USB 连接计算机且计算机向 Arduino Mega2560 接收数据时，RX 指示灯亮。

4）可编程指示灯 L。该指示灯连接在 Arduino Mega2560 的 13 号引脚，当 13 号引脚为高电平或高阻态时，L 指示灯亮；当 13 号引脚为低电平时，L 指示灯熄灭。因此，可通过编程来控制 L 指示灯。

（3）复位按钮。按下复位按钮，Arduino Mega2560 重新启动运行。

（4）通信接口。

1）串口通信：ATmega328 内置的 UART 可以通过数字口 0（RX）和 1（TX）与外部实现串口通信；ATmega16U2 可以访问数字口实现 USB 上的虚拟串口。

2）TWI（兼容 I^2C）接口：两线通信接口，与 I^2C 总线完全兼容的接口。

3）SPI 接口：用于 SPI 通信的接口，全称为串行外设接口（serial peripheral interface），是一种高速的、全双工的、同步的通信总线。

（5）下载程序。

1）Arduino Mega2560 上的 ATmega2560 已经预置了 bootloader 程序，因此可以通过 Arduino 软件直接下载程序到 Arduino Mega2560 中。

2）可以直接通过 Arduino Mega2560 开发板上 ICSP 插头直接下载程序到 ATmega2560。

图 2-15　NodeMcu 外观

3. ESP8266 开发板

（1）NodeMCU 物联网开发板。NodeMcu 是一款基于 ESP8266 Wi-Fi 模块的开源开发板。它以 Lua 语言为基础，同时提供了封装 ESP8266 硬件操作的高级 API，可以让开发者以类似于 Arduino 的方式与底层硬件打交道，使软件开发人员轻松操作设备。NodeMcu 外观见图2-15。

（2）NodeMCU 的输入/输出。

1）D1 ~ D10：均可复用为 GPIO、PWM、I^2C、1-Wire。

2）AO：1 路 ADC。

3）USB 接口：USB 供电，接入计算机 USB，自动为 ESP8266 供电。该接口同时是 USB 转串口调试接口。

（3）NodeMCU 的存储器。NodeMCU 的存储器可用随机存储器（RAM）为 20KB，目前采用 512KB Flash，用户可用存储空间 150KB。

（4）技术规格。

1）支持无线 802.11 b/g/n 标准；

2）支持 STA/AP/STA+AP 三种工作模式；

3）内置 TCP/IP 协议栈，支持多路 TCP Client 连接（5 MAX）；

4）D0 ~ D8，SD1 ~ SD3：用作 GPIO、PWM、I^2C 等，端口驱动能力 15mA；

5）AD0：1 路 ADC；

6）电源输入：4.5 ~ 9V（10V MAX），支持 USB 供电，提供 USB 调试接口；

7）工作电流：持续发送约 70mA（200mA MAX），待机小于 200μA；

8）传输速率：110 ~ 460800bit/s；

9）支持 UART/GPIO 数据通信接口；

10）支持远程固件升级（OTA）；

11）支持 Smart Link 智能联网功能；

12）工作温度：-40 ~ +125℃；

13）驱动形式：双路大功率 H 桥驱动。

4. 物联网开发板硬件的配置

（1）直接使用物联网开发板。

1）直接使用 WeMos D1 系列物联网开发板。WeMos D1 系列物联网开发板优点包括：CPU 主频 80MHz，自带 USB 下载器，自带 3.3V 电源转换器，配置 ESP8266 Wi-Fi 模组，设置有电源指示灯 LED，D5（SCK）端连接 LED 指示灯。与 Arduino 兼容，使用 Arduino IDE 来编程，具有 11 个输入/输出端，支持 OTA 无线上传，板载 5V/1A 开关电源（最高输入电压24V）。内置最大4M 的 SPIFFS（SPI flash filing system）SPI Flash 文件管理系统。

2）直接使用嵌入式 NodeMCU 系列开发板。NodeMCU 系列物联网开发板优点包括：CPU 主频 80MHz，自带 USB 下载器，自带 3.3V 电源转换器，配置 ESP8266Wi-Fi 模组，与 Arduino

兼容，使用 Arduino IDE 来编程，具有 11 个输入/输出端，支持 OTA 无线上传。内置最大 4M 的 SPIFFS（SPI flash filing system）SPI Flash 文件管理系统。

（2）组合使用 Arduino 开发板。WeMos D1 系列、NodeMCU 系列物联网开发板的缺点是 I/O 口少，而 Arduino 控制板具有较多的 I/O 口，结合两者的优点，通过串口连接，可以构建功能强大的物联网开发系统。例如，使用"Arduino Mega2560 开发板"+"ESP8266Wi-Fi 模块"构建多输入/输出的 Wi-Fi 物联网开发系统。

二、Arduino IDE 开发环境

Arduino IDE 开发环境包括菜单栏、工具栏、项目选项卡、程序代码编辑区和调试提示区。

1. 菜单栏

菜单栏有"文件""编辑""项目""工具""帮助"五个主菜单。

（1）"文件"菜单（见图 2-16）。

1）新建。执行"文件"菜单下的"新建"命令，新建一个项目文件。

2）打开。执行"文件"菜单下的"打开"命令，弹出打开文件对话框，选择一个 Arduino 文件，单击"打开"命令按钮，打开一个 Arduino 项目文件。

3）打开最近的。单击"文件"菜单下的"打开最近的"子菜单，子菜单右侧显示最近编辑过的项目，选择其中一个，即可打开该项目文件。

4）项目文件夹。单击"文件"菜单下的"项目文件夹"子菜单，显示当前项目的文件夹及文件存放的位置。

5）示例。单击"文件"菜单下的"示例"子菜单，右侧显示 Arduino 所有的案例类程序，在某类案例右侧中选择一个项目，即可打开一个实例项目。

图 2-16　"文件"菜单

6）关闭。执行"文件"菜单下的"关闭"子菜单命令，关闭当前项目文档。

7）保存。执行"文件"菜单下的"保存"子菜单命令，保存当前项目文档。

8）另存为。执行"文件"菜单下的"另存为"子菜单命令，弹出另存文件对话框，设定文件保存路径文件夹，再设定项目文件名，单击"保存"命令按钮，将当前项目文件以新文件名另存。

9）首选项。执行"文件"菜单下的"首选项"子菜单命令，弹出首选项对话框，见图 2-17，可以设置项目文件夹的位置等，设置完成，单击"好"按钮，可以保存首选项的设置。

（2）"编辑"菜单（见图 2-18）。

"编辑"菜单下有复制、剪切、粘贴、全选、注释/取消注释、增加缩进、减少缩进、查找、复原、重做等子菜单命令，与一般文档的编辑命令类似。

（3）"项目"菜单（见图 2-19）。

1）验证/编译。执行"项目"菜单下的"验证/编译"子菜单命令，验证或编译项目文件。编译完成后的界面，见图 2-20。

2）上传。执行"项目"菜单下的"上传"子菜单命令，从控制器上传项目文件。

3）使用编程器上传。执行"项目"菜单下的"使用编程器上传"子菜单命令，通过编程

图2-17   首选项对话框

器上传项目文件。

4）导出已编译过的二进制文件。输出
已编译过的二进制文件。

5）显示项目文件夹。执行"项目"菜
单下的"显示项目文件夹"子菜单命令，显
示当前文件所在的文件夹。

6）加载库。执行"项目"菜单下的
"加载库"子菜单命令，选择包含的库
文件。

7）添加文件。执行"项目"菜单下的
"添加文件"子菜单命令，添加图片或其他
文件复制到当前的项目文件夹。

（4）"工具"菜单（见图2-21）。

1）自动格式化。执行"工具"菜单
下的"自动格式化"子菜单命令，自动格
式化项目文件，按通常格式要求排齐文档
文件。

2）项目存档。执行"工具"菜单下的
"项目存档"子菜单命令，弹出"项目另存

图2-18   "编辑"菜单

项目	工具	帮助	
验证/编译		Ctrl+R	
上传		Ctrl+U	
使用编程器上传		Ctrl+Shift+U	
导出已编译的二进制文件		Ctrl+Alt+S	
显示项目文件夹		Ctrl+K	
加载库			▶
添加文件...			

图 2-19　"项目"菜单

```
#define LED_BUILTIN 14
void setup() {
  pinMode(LED_BUILTIN, OUTPUT);      // Initialize the LED_BUILTIN pin as an output
}

// the loop function runs over and over again forever
void loop() {
  digitalWrite(LED_BUILTIN, LOW);    // Turn the LED on (Note that LOW is the voltage level
                                     // but actually the LED is on; this is because
                                     // it is active low on the ESP-01)
  delay(1000);                       // Wait for a second
  digitalWrite(LED_BUILTIN, HIGH);   // Turn the LED off by making the voltage HIGH
```

项目使用了 246683 字节，占用了 (23%) 程序存储空间。最大为 1044464 字节。
全局变量使用了32560字节，(39%)的动态内存，余留49360字节局部变量。最大为81920字节。

图 2-20　编译完成后的界面

图 2-21　"工具"菜单

为"对话框，将项目文件存档到指定文件夹。

3）编码修正与重载。执行"工具"菜单下的"编码修正与重载"子菜单命令，对编码文件进行修正，并重新下载到控制器。

4）串口监视器。执行"工具"菜单下的"串口监视器"子菜单命令，打开串口调试器，查看串口发送或接收的数据，对控制器串口进出监视和调试。

5）开发板。执行"工具"菜单下的"开发板"子菜单命令，弹出选择 Arduino 控制板的类型选项菜单，选择一种当前使用的 Arduino 控制板。

6）端口。执行"工具"菜单下的"端口"子菜单命令，选择当前控制板连接的串口。

（5）"帮助"菜单（见图 2-22）。执行帮助菜单下的相关子菜单命令，跳到指定帮助网络，提供 Arduino 编程过程的远程网络帮助。

图 2-22　"帮助"菜单

2. 工具栏（见图 2-23）

工具栏包括校验、上传、新建、打开、保存等快捷工具命令按钮。

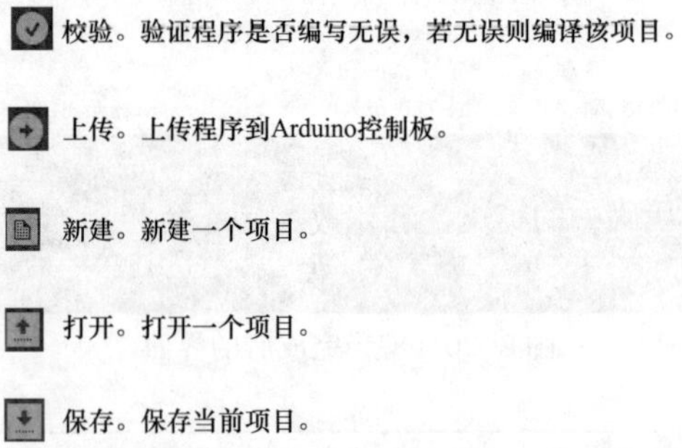

校验。验证程序是否编写无误，若无误则编译该项目。

上传。上传程序到Arduino控制板。

新建。新建一个项目。

打开。打开一个项目。

保存。保存当前项目。

图 2-23　工具栏

三、安装 Arduino 控制板驱动软件

（1）将 USB 线的梯形口插入 Arduino Mega2560 控制板 USB 接口。

（2）USB 线的另一端插入计算机的 USB 接口，插好后，Arduino Mega2560 控制板上的电源指示灯会被点亮，计算机上会出现一个发现新硬件的对话框。

（3）单击"下一步"按钮，串口驱动软件自动安装。

（4）串口驱动软件安装完毕出现完成对话框。

（5）单击"完成"按钮，结束 Arduino Mega2560 控制板驱动软件的安装。

⚙ 技能训练

一、训练目标

（1）学用 Arduino Mega2560 开发板。

（2）学用 NodeMCU 开发板。

（3）学会使用 Arduino 开发环境。

（4）学会调试 Arduino 语言程序。

二、训练步骤与内容

（1）安装 Arduino 开发环境。

（2）安装 Arduino Mega2560 开发板驱动程序。

（3）建立一个项目。

1）在 E 盘新建 ESP8266 文件夹，在 ESP8266 文件夹内，新建一个文件夹 B01。

2）启动 Arduino 软件。

3）选择执行"文件"菜单下"New"新建一个项目命令，自动创建一个新项目。

4）执行"文件"菜单下"另存为"命令，打开另存为对话框，选择另存的文件夹 B01，在文件名栏输入"TEST1"，单击"保存"按钮，保存 TEST1 项目文件。

（4）编写程序文件。

1）依次单击"文件"菜单下"示例"子菜单下的"01 Basic"子菜单下的"Blink"命令，打开 Blink 项目文件。

2）在 Blink 项目文件编辑区单击。执行"编辑"菜单下的"全选"子菜单命令。选择 Blink 项目文件的全部内容。

3）执行"编辑"菜单下的"复制"子菜单命令。复制 Blink 项目文件的全部内容。

4）在 TEST1 项目文件编辑区单击，执行"编辑"菜单下的"全选"子菜单命令，全选文件的内容。按计算机上的删除键，删除编辑区的全部内容。

5）然后执行"编辑"菜单下的"粘贴"子菜单命令。粘贴 Blink 项目文件的全部内容。

6）在编辑区，将程序代码中的英文注释修改为中文注释。

7）单击"文件"菜单下"保存"子菜单，保存文件。

（5）编译程序。

1）单击"工具"菜单下的"开发板"子菜单命令，在右侧出现的板选项菜单中选择"Arduino Mega2560"。

2）单击"项目"菜单下的"验证/编译"子菜单命令，或单击工具栏的验证/编译按钮，Arduino 软件首先验证程序是否有误，若无误，程序自动开始编译程序。

3）等待编译完成，在软件调试提示区，观看编译结果。

（6）下载调试程序。

1）单击工具栏的下载工具按钮图标，将程序下载到 Arduino Mega2560 控制板。

2）下载完成，在软件调试提示区，观看下载结果，观察 Arduino Mega2560 控制板上 L 指示灯的状态变化。

（7）使用 NodeMCU 开发板。

1）NodeMCU0.9 开发板 D5 端外部连接一个 150Ω 的电阻。

2）电阻的另一端连接 LED 的正极，LED 的负极接 NodeMCU0.9 开发板 G 端。

3）打开 ESP8266 示例程序 Blink。

4）在示例程序的上方，添加宏定义语句"#define LED_ BUILTIN 14"，完善程序。

5）单击执行"工具"主菜单下的"开发板"子菜单命令，在右侧的开发板选择中，选择 NodeMCU0.9。

6）单击执行"工具"主菜单下的"端口"子菜单命令，选择串口"COM3"。

7）单击执行"项目"菜单下的"上传"子菜单命令，等待系统自动编译。

8）编译完成，按下 NodeMCU0. 9 开发板上的"按钮"，将程序上传到 NodeMCU0. 9 开发板。

9）上传完成，观察连接在开发板 D5 上的 LED 指示状态。

习题2

1. 仔细查看 Arduino Mega2560 控制板，查看各个接线端分区和名称，查看各指示灯，查看集成电路芯片，查看各种通信接口。

2. 仔细查看 NodeMCU0. 9 开发板，查看各个接线端分区和名称，查看 ESP8266 模块，查看各种通信接口。

3. 如何设定 Arduino 软件使用的开发板？

4. 如何设定开发板使用的通信端口？

5. 如何规划设计物联网开发硬件系统？

项目三　学习Arduino编程技术

 学习目标

（1）学用 C 语言编程。
（2）学用 Arduino 控制函数。
（3）学会定义和调用函数。
（4）学用数组控制 LED。
（5）学用 PWM 控制 LED。
（6）学用 SPI 控制。

任务4　控制 LED 灯闪烁

 基础知识

一、Arduino 语言及程序结构

1. Arduino 语言

Arduino 一般使用 C/C++语言编辑程序。C++是一种兼容 C 的编程语言，但 C++与 C 又稍有差别。C++是一种面向对象的编程语言，而 C 是一种面向过程的编程语言。早期的 Arduino 核心库使用 C 语言编写，后来引进了面向对象的思维，目前最新的 Arduino 使用的是 C 和 C++ 混合编程模式。

Arduino 语言实质上是指 Arduino 的核心库提供的各种 API（应用程序接口）的集合。这些 API 是对底层的单片机支持库进行二次封装组成的。例如 AVR 单片机的 Arduino 核心库是对 AVR - Libc（基于 GCC 的 AVR 单片机支持库）的二次封装。

在 AVR 单片机的开发中，需要了解 AVR 单片机各个寄存器的作用和设置方法，其中对 I/O 的设置通常包括对输出方向寄存器 DDRi 的设置和端口寄存器 PORTi 的设置。例如，对 I/O 端口 PA3 的设置如下：

DDRA | = (1<<PA3)；　　　//设置 PA3 为输出

PORTA | = (1<<PA3)；　　//设置 PA3 输出高电平

而在 Arduino 中，直接对口进行操作，操作程序如下：

pinMode (13, OUTPUT)；　　　//设置引脚 13 为输出

digitalWrite (13, HIGH)；　　//设置引脚 13 输出高电平

程序中的 pinMode 设置引脚的模式，pinMode (13, OUTPUT) 设置引脚 13 为输出。digitalWrite 用于设置引脚的输出状态，digitalWrite (13, HIGH) 设置引脚 13 输出高电平。pinMode () 和 digitalWrite () 是封装好的 API 函数语句，这些语句更容易被理解，而不必了解

单片机的结构和复杂的端口寄存器的配置就能直接控制 Arduino 硬件控制装置。这样的编程语句，既可增加程序的可读性，也能提高编程效率。

2. Arduino 程序结构

Arduino 程序结构与传统的 C 语言程序结构不同，在 Arduino 没有 main（）主函数。实质上 Arduino 程序并不是没有 main（）主函数，而是将 main（）主函数的定义隐含在核心库文件中。在 Arduino 开发中，我们不直接操作 main（）主函数，只需对 setup（）和 loop（）两个函数进行操作即可。

Arduino 的基本程序结构是由 setup（）和 loop（）两个函数组成。

```
void setup() {
    // put your setup code here, to run once:［这里放置 setup（）函数代码，它只运行一次］
}
void loop() {
    // put your main code here, to run repeatedly:［这里放置 main（）函数代码，它重复循环运行］
}
```

setup（）函数用于 Arduino 硬件的初始化设置，配置端口属性、设置端口电平等，Arduino 控制器复位后，即开始执行 setup（）函数中的程序，且只会执行一次。

setup（）函数执行完毕，开始执行 loop（）函数中的程序。loop（）是一个循环执行的程序，loop（）函数完成程序的主要功能，即采集数据、驱动模块、通信等。

二、C 语言基础

1. C 语言的主要特点

C 语言是一个程序语言，是一种能以简易方式编译、处理低级存储器、产生少量的机器码、不需要任何运行环境支持便能运行的编程语言。

（1）语言简洁、紧凑，使用方便、灵活。C 语言一共只有 32 个关键字，9 种控制语句，程序书写形式自由，主要用小写字母表示，压缩了一切不必要的成分。

（2）运算符丰富。C 的运算符包含的范围很广泛，共有 34 种运算符。C 把括号、赋值、强制类型转换等都作为运算符处理，从而使 C 的运算类型极其丰富，表达式类型多样化。灵活使用各种运算符可以实现在其他高级语言中难以实现的运算。

（3）数据结构丰富，具有现代化语言的各种数据结构。C 的数据类型有整型、实型、字符型、数组类型、指针类型、结构体类型、共用体类型等，能用来实现各种复杂的数据结构（如链表、树、栈等）的运算。尤其是指针类型数据，使用起来灵活多样。

（4）具有结构化的控制语句（如 if…else 语句、while 语句、do…while 语句、switch 语句、for 语句）。用函数作为程序的模块单位，便于实现程序的模块化。C 是良好的结构化语言，符合现代编程风格的要求。

（5）语法限制不太严格，程序设计自由度大。对变量的类型使用比较灵活，如整型数据与字符型数据可以通用。一般高级语言的语法检查比较严，能检查出几乎所有的语法错误。而 C 语言允许程序编写者有较大的自由度。

（6）C 语言能进行位（bit）操作，能实现汇编语言的大部分功能，可以直接对硬件进行操作。C 语言可以汇编语言混合编程，既可用来编写系统软件，也可用来编写应用软件。

2. C语言的标识符与关键字

C语言的标识符用于识别源程序中的对象名字。这些对象可以是常量、变量数组、数据类型、存储方式、语句、函数等。标识符由字母、数字和下划线等组成。第一个字符必须是字母或下划线。标识符应当含义清晰、简洁明了，便于阅读与理解。C语言对大小写字母敏感，会将大小写不同的两个标识符看作两个不同的对象。

关键字是一类具有固定名称和特定含义的特别的标识符，有时也称为保留字。在设计C语言程序时，一般不允许将关键字另作他用，即要求标识符命名不能与关键字相同。与其他语言比较，C语言标识符还是较少的。美国国家标准局（American National Standards Institute，ANSI）ANSI C标准的关键字见表3-1。

表3-1　　　　　　　　　　　　　　　ANSI C标准的关键字

关键字	用途	说明
auto	存储类型声明	指定为自动变量，由编译器自动分配及释放。通常在栈上分配。与static相反。当变量未指定时默认为auto
break	程序语句	跳出当前循环或switch结构
case	程序语句	开关语句中的分支标记，与switch连用
char	数据类型声明	字符型类型数据，属于整型数据的一种
const	存储类型声明	指定变量不可被当前线程改变（但有可能被系统或其他线程改变）
continue	程序语句	结束当前循环，开始下一轮循环
default	程序语句	开关语句中的"其他"分支，可选
do	程序语句	构成do…while循环结构
double	数据类型声明	双精度浮点型数据，属于浮点数据的一种
else	程序语句	条件语句否定分支（与if连用）
enum	数据类型声明	枚举声明
extern	存储类型声明	指定对应变量为外部变量，即标示变量或者函数的定义在别的文件中，提示编译器遇到此变量和函数时在其他模块中寻找其定义
float	数据类型声明	单精度浮点型数据，属于浮点数据的一种
for	程序语句	构成for循环结构
goto	程序语句	无条件跳转语句
if	程序语句	构成if…else条件选择语句
int	数据类型声明	整型数据，表示范围通常为编译器指定的内存字节长
long	数据类型声明	修饰int，长整型数据，可省略被修饰的int
register	存储类型声明	指定为寄存器变量，建议编译器将变量存储到寄存器中使用，也可以修饰函数形参，建议编译器通过寄存器而不是堆栈传递参数
return	程序语句	函数返回。用在函数体中，返回特定值
short	数据类型声明	修饰int，短整型数据，可省略被修饰的int
signed	数据类型声明	修饰整型数据，有符号数据类型
sizeof	程序语句	得到特定类型或特定类型变量的大小
static	存储类型声明	指定为静态变量，分配在静态变量区，修饰函数时，指定函数作用域为文件内部
struct	数据类型声明	结构体声明

续表

关键字	用途	说明
switch	程序语句	构成 switch 开关选择语句（多重分支语句）
typedef	数据类型声明	声明类型别名
union	数据类型声明	共用体声明
unsigned	数据类型声明	修饰整型数据，无符号数据类型
void	数据类型声明	声明函数无返回值或无参数，声明无类型指针，显示丢弃运算结果
volatile	数据类型声明	指定变量的值有可能会被系统或其他线程改变，强制编译器每次从内存中取得该变量的值，阻止编译器把该变量优化成寄存器变量
while	程序语句	构成 while 和 do…while 循环结构

3. C 语言程序结构

与标准 C 语言相同，C 语言程序由一个或多个函数构成，至少包含一个主函数 main（）。程序执行是从主函数开始的，调用其他函数后又返回主函数。被调用函数如果位于主函数前，可以直接调用，否则要先进行声明然后再调用，函数之间可以相互调用。

C 语言程序结构如下：

```
#include < iom16v.h >   /*预处理命令，用于包含头文件等*/
void DelayMS( unsigned int i);   //函数1说明
                                 //函数n说明
void main(void)                  /*主函数*/
{                                /*主函数开始*/
DDRA=0xff;        //设置 PA 口为输出
PORTA=0xfb;       /*打开 LED 锁存*/
DDRB=0xff;        //设置 PB 口为输出
PORTB=0xff;       //设置 PB 口输出高电平
while(1)          /* while 循环语句*/
{                 /*执行语句*/
PORTB=0xfe;       //设置 PC0 输出低电平，点亮 LED0
    DelayMS(500);     //延时 500ms
    PORTB=0xff;          //设置 PC0 输出高电平，熄灭 LED0
  DelayMS(500);     //延时 500ms
}
}
void DelayMS(uInt16 ValMS)     //函数1定义
{
uInt16 uiVal,ujVal;  //定义无符号整型变量i,j
for(uiVal=0;  uiVal< ValMS;  uiVal++)     //进行循环操作
{for(ujVal=0;  ujVal<1170;  ujVal++);
}     //进行循环操作，以达到延时的效果
}
//函数n定义
```

C 语言程序由函数组成，函数之间可以相互调用。但主函数 main（）只能调用其他函数，

不可以被其他函数调用。其他函数可以是用户定义的函数，也可以是C51的库函数。无论主函数 main（）在什么位置，程序总是从主函数 main（）开始执行的。

编写C语言程序的要求是：

（1）函数以花括号"｛"开始，到花括号"｝"结束。包含在"｛｝"内部的部分称为函数体。花括号必须成对出现，如果在一个函数内有多对花括号，则最外层花括号为函数体范围。为了使程序便于阅读和理解，花括号对可以采用缩进方式。

（2）每个变量必须先定义，再使用。在函数内定义的变量为局部变量，只可以在函数内部使用，又称为内部变量。在函数外部定义的变量为全局变量，在定义的那个程序文件内使用，可称为外部变量。

（3）每条语句最后必须以一个分号"；"结束，分号是C51程序的重要组成部分。

（4）C语言程序没有行号，书写格式自由，一行内可以写多条语句，一条语句也可以写于多行上。

（5）程序的注释必须放在"/＊……＊/"之内，也可以放在"//"之后。

三、C语言的数据类型

C语言可以分为基本数据类型和复杂数据类型。基本数据类型包括字符型（char）、整型（int）、长整型（long）、浮点型（float）、指针型（＊p）等。复杂数据类型由基本数据类型组合而成。

（1）C语言编译器可识别的数据类型见表3-2。

表3-2　　　　　　　　　　　C语言编译器可识别的数据类型

数据类型	字节长度	取值范围
unsigned char	1字节	0～255
signed char	1字节	−128～127
（char（＊））	1字节	0～255
unsigned int	2字节	0～65535
signed int	2字节	−32768～32767
unsigned long	4字节	0～4294967925
signed long	4字节	−2147483648～2147483647
float	4字节	±1.175494E-38～±3.402823E+38
＊	1～3字节	对象地址
double	4字节	±1.175494E-38～±3.402823E+38
unsigned short	2字节	0～65535
signed short	2字节	−32768～32767

（2）数据类型的隐形变换。在C语言程序的表达式或变量赋值中，有时会出现运算对象不一致的状况，C语言允许任何标准数据类型之间的隐形变换，按 bit→char→int→long→float 和 signed→unsigned 的方向变换。

（3）C语言编译器支持结构类型、联合类型、枚举类型数据等复杂数据。

（4）常量。C语言程序中的常量包括字符型常量、字符串常量、整型常量、浮点型常量等。字符型常量是用单引号括起来的字符，如'i''j'等。对于不可显示的控制字符，可以在该字符前加反斜杠"＼"组成转义字符。常用的转义字符见表3-3。

表 3-3　　　　　　　　　　　　　常 用 的 转 义 字 符

转义字符	转义字符的意义	ASCII 代码
\ 0	空字符（NULL）	0x00
\ b	退格（BS）	0x08
\ t	水平制表符（HT）	0x09
\ n	换行（LF）	0x0A
\ f	走纸换页（FF）	0xC
\ r	回车（CR）	0xD
\ "	双引号符	0x22
\ '	单引号符	0x27
\\	反斜线符" \ "	0x5C

字符串常量由双引号内字符组成，如"abcde""k567"等。字符串常量的首尾双引号是字符串常量的界限符。当双引号内字符个数为 0 时，表示空字符串常量。C 语言将字符串常量当作字符型数组来处理，在存储字符串常量时，要在字符串的尾部加一个转义字符"\ 0"作为结束符，编程时要注意字符常量与字符串常量的区别。

（5）变量。C 语言程序中的变量是一种在程序执行过程中其值不断变化的量。变量在使用之前必须先定义，用一个标识符表示变量名，并指出变量的数据类型和存储方式，以便 C 语言编译器系统为它分配存储单元。C 语言变量的定义格式如下：

［存储种类］数据类型［存储器类型］变量名表；

其中的"存储种类"和"存储器类型"是可选项。存储种类有 4 种，分别是自动（auto）、外部（extern）、静态（static）和寄存器（register）。定义时如果省略存储种类，则该变量为自动变量。

定义变量时除了可设置数据类型外，还允许设置存储器类型，使其能在 51 单片机系统内准确定位。存储器类型见表 3-4。

表 3-4　　　　　　　　　　　　　存 储 器 类 型

存储器类型	说明
data	直接地址的片内数据存储器（128 字节），访问速度快
bdata	可位寻址的片内数据存储器（16 字节），允许位、字节混合访问
idata	间接访问的片内数据存储器（256 字节），允许访问片内全部地址
pdata	分页访问的片内数据存储器（256 字节），用 MOVX@ Ri 访问
xdata	片外的数据存储器（64KB），用 MOVX@ DPTR 访问
code	程序存储器（64KB），用 MOVC@ A+DPTR 访问

根据变量的作用范围，可将变量分为全局变量和局部变量。全局变量是在程序开始处或函数外定义的变量，在程序开始处定义的全局变量在整个程序中有效。在各功能函数外定义的变量，从定义处开始起作用，对其后的函数有效。

局部变量指函数内部定义的变量，或函数的"｛｝"功能块内定义的变量，只在定义它的函数内或功能块内有效。

根据变量存在的时间可分为静态存储变量和动态存储变量。静态存储变量是指变量在程序运行期间存储空间固定不变；动态存储变量指存储空间不固定的变量，在程序运行期间动态为其分配空间。全局变量属于静态存储变量，局部变量为动态存储变量。

C 语言允许在变量定义时为变量赋予初值。

下面是变量定义的一些例子。

```
char data a1;        / * 在 data 区域定义字符变量 a1 */
char bdata a2;       / * 在 bdata 区域定义字符变量 a2 */
int   idata a3;      / * 在 idata 区域定义整型变量 a3 */
char code a4[]="cake";   / * 在程序代码区域定义字符串数组 a4 [] */
extern float idata x,y;    / * 在 idata 区域定义外部浮点型变量 x、y */
sbit led1=P2^1;     / * 在 bdata 区域定义位变量 led1 */
```

变量定义时如果省略存储器种类，则按编译时使用的存储模式来规定默认的存储器类型。存储模式分为 SMALL、COMPACT、LARGE 三种。

SMALL 模式时，变量被定义在单片机的片内数据存储器中（最大 128 字节，默认存储类型是 DATA），访问十分方便，速度快。

COMPACT 模式时，变量被定义在单片机的分页寻址的外部数据寄存器中（最大 256 字节，默认存储类型是 PDATA），每一页地址空间是 256 字节。

LARGE 模式时，变量被定义在单片机的片外数据寄存器中（最大 64KB，默认存储类型是 XDATA），使用数据指针 DPTR 来间接访问，用此数据指针进行访问效率低，速度慢。

四、C 语言的运算符及表达式

C 语言具有丰富的运算符，数据表达、处理能力强。运算符是完成各种运算的符号，表达式是由运算符与运算对象组成的具有特定含义的式子。表达式语句是由表达式及后面的分号";"组成，C 语言程序就是由运算符和表达式组成的各种语句组成的。

C 语言使用的运算符包括赋值运算符、算术运算符、逻辑运算符、关系运算符、加 1 和减 1 运算符、位运算符、逗号运算符、条件运算符、指针地址运算符、强制转换运算符、复合运算符等。

1. 赋值运算

符号 "=" 在 C 语言中称为赋值运算符，它的作用是将等号右边数据的值赋值给等号左边的变量，利用它可以将一个变量与一个表达式连接起来组成赋值表达式，在赋值表达式后添加分号";"，组成 C 语言的赋值语句。

赋值语句的格式为：

变量=表达式；

在 C 语言程序运行时，赋值语句先计算出右边表达式的值，再将该值赋给左边的变量。右边的表达式可以是另一个赋值表达式，即 C 语言程序允许多重赋值。例如：

```
a=6;     / * 将常数 6 赋值给变量 a */
b=c=7;   / * 将常数 7 赋值给变量 b 和 c */
```

2. 算术运算符

C 语言中的算术运算符包括 "+"（加或取正值）运算符、"−"（减或取负值）运算符、"＊"（乘）运算符、"/"（除）运算符、"%"（取余）运算符。

在 C 语言中，加、减、乘法运算符合一般的算术运算规则。除法稍有不同，两个整数相除，结果为整数，小数部分舍弃；两个浮点数相除，结果为浮点数。取余的运算要求两个数据均为整型数据。

将运算对象与算术运算符连接起来的式子称为算术表达式。算术表达式表现形式为：

表达式1 算术运算符 表达式2

例如：x/（a+b），（a-b）＊（m+n）。

在运算时，要按运算符的优先级别进行。算术运算中，括号的优先级最高，其次取负值，再其次是乘法、除法和取余，最后是加和减。

3. 加1和减1运算符

加1（++）和减1（--）是两个特殊的运算符，分别作用于变量做加1和减1运算。例如：m++，++m，n--，--j 等。但 m++与++m 不同，前者在使用 m 后加1，后者先将 m 加1再使用。

4. 关系运算符

C 语言中有6种关系运算符，分别是>（大于）、<（小于）、>=（大于等于）、<=（小于等于）、==（等于）、!=（不等于）。前4种具有相同的优先级，后2种具有等同的优先级，前4种优先级高于后2种。用关系运算符连接的表达式称为关系表达式，一般形式为：

表达式1 关系运算符 表达式2

例如：x+y > 2。

关系运算符常用于判断条件是否满足，关系表达式的值只有0和1两种，当指定的条件满足时为1，否则为0。

5. 逻辑运算符

C 语言中有3种逻辑运算符，分别是‖（逻辑或）、&&（逻辑与）、!（逻辑非）。

逻辑运算符用于计算条件表达式的逻辑值，逻辑表达式就是用关系运算符和表达式连接在一起的式子。逻辑表达式的一般形式为：

条件1 关系运算符 条件2

例如：x&&y，m‖n,!z。这些都是合法的逻辑表达式。

逻辑运算时的优先级为：逻辑非→算术运算符→关系运算符→逻辑与→逻辑或。

6. 位运算符

对 C 语言对象进行按位操作的运算符，称为位运算符。位运算是 C 语言的一大特点，使其能对计算机硬件直接进行操控。

位运算符有6种，分别是：~（按位取反）、<<（左移）、>>（右移）、&（按位与）、^（按位异或）、|（按位或）。

位运算形式为：

变量1 位运算符 变量2

位运算不能用于浮点数。

位运算符作用是对变量进行按位运算，并不改变参与运算变量的值。如果希望改变参与位运算变量的值，则要使用赋值运算。

例如：a=a>>1，表示 a 右移1位后赋给 a。

位运算的优先级：~（按位取反）→<<（左移）和>>（右移）→&（按位与）→^（按位异或）、→|（按位或）。

清零、置位、反转、读取也可使用按位操作符。

清零寄存器某一位可以使用按位与运算符。

例如 PB2 清零：PORTB&=oxfb 或 PORTB&= ~ （1<<2）。

置位寄存器某一位可以使用按位或运算符。

例如 PB2 置位：PORTB｜=oxfb 或 PORTB｜= ~（1<<2）。

反转寄存器某一位可以使用按位异或运算符。

例如 PB3 反转：PORTB^=ox08 或 PORTB^=1<<3。

读取寄存器某一位可以使用按位与运算符。

例如：if((PINB&ox08)) 程序语句 1。

7. 逗号运算符

C 语言中的逗号运算符"，"是一个特殊的运算符，它将多个表达式连接起来。称为逗号表达式。逗号表达式的格式为：

表达式 1，表达式 2，……，表达式 n

程序运行时，从左到右依次计算各个表达式的值，整个逗号表达式的值为表达式 n 的值。

8. 条件运算符

条件运算符"?"是 C 语言中唯一的三目运算符，它有 3 个运算对象，用条件运算符可以将 3 个表达式连接起来构成一个条件表达式。

条件表达式的形式为：

逻辑表达式? 表达式 1：表达式 2

程序运行时，先计算逻辑表达式的值，当值为真（非 0）时，将表达式 1 的值作为整个条件表达式的值；否则，将表达式 2 的值作为整个条件表达式的值。

例如：min=（a<b）? a:b 的执行结果是将 a、b 中较小值赋给 min。

9. 指针与地址运算符

指针是 C 语言中一个十分重要的概念，专门规定了一种指针型数据。变量的指针实质上就是变量对应的地址，定义的指针变量用于存储变量的地址。对于指针变量和地址间的关系，C 语言设置了两个运算符：&（取地址）和 *（取内容）。

取地址与取内容的一般形式为：

指针变量=& 目标变量

变量 = * 指针变量

取地址是把目标变量的地址赋值给左边的指针变量。

取内容是将指针变量所指向的目标变量的值赋给左边的变量。

10. 复合赋值运算符

在赋值运算符的前面加上其他运算符，就构成了复合运算符，C 语言中有 10 种复合运算符，分别是：+=（加法赋值）、-=（减法赋值）、*=（乘法赋值）、/=（除法赋值）、%=（取余赋值）、<<=（左移位赋值）、>>=（右移位赋值）、&=（逻辑与赋值）、｜=（逻辑或赋值）、~=（逻辑非赋值）、^=（逻辑异或赋值）。

使用复合运算符，可以使程序简化，提高程序编译效率。

复合赋值运算首先对变量进行某种运算，然后再将结果赋值给该变量。符合赋值运算的一般形式为：

变量 复合运算符 表达式

例如：i+=3 等效于 i=i+3。

五、C 语言的基本语句

1. 表达式语句

C 语言中，表达式语句是最基本的程序语句，在表达式后面加";"，就组成了表达式语句。

```
a=2;b=3;
m=x+y;
++j;
```

表达式语句也可以只由一个分号";"组成，称为空语句。空语句可以用于等待某个事件的发生，特别是用在 while 循环语句中。空语句还可用于为某段程序提供标号，表示程序执行的位置。

2. 复合语句

C 语言的复合语句是由若干条基本语句组合而成的一种语句，它用一对"｛｝"将若干条语句组合在一起，形成一种控制功能块。复合语句不需要用分号";"结束，但它内部各条语句要加分号";"。

复合语句的形式为：

｛

局部变量定义；

语句 1；

语句 2；

……

语句 n；

｝

复合语句依次顺序执行，等效于一条单语句。复合语句主要用于函数中，实际上，函数的执行部分就是一个复合语句。复合语句允许嵌套，即复合语句内可包含其他复合语句。

3. if 条件语句

条件语句又称为选择分支语句，它由关键字"if"和"else"等组成。C 语言提供 3 种 if 条件语句格式。

if（条件表达式）语句；

当条件表达式为真，就执行其后的语句。否则，不执行其后的语句。

if（条件表达式）语句 1；

else 语句 2；

当条件表达式为真，就执行其后的语句 1。否则，执行 else 后的语句 2。

if（条件表达式 1）语句 1；

elseif（条件表达式 2）语句 2；

……

elseif（条件表达式 i）语句 m；

else 语句 n；

顺序逐条判断执行条件 j，决定执行的语句，否则执行语句 n。

4. swich/case 开关语句

虽然条件语句可以实现多分支选择，但是当条件分支较多时，会使程序繁冗，不便于阅读。开关语句是直接处理多分支语句，程序结构清晰，可读性强。swich/case 开关语句的格式为：

swich（条件表达式）

｛

case 常量表达式 1：语句 1；

break；

```
case 常量表达式 2：语句 2；
break；
……
case 常量表达式 n：语句 n；
break；
default：语句 m；
}
```

将 swich 后的条件表达式值与 case 后的各个表达式值逐个进行比较，若有相同的，就是执行相应的语句，然后执行 break 语句，终止执行当前语句的执行，跳出 switch 语句。若无匹配的，就执行语句 m。

5. for、while、do…while 语句循环语句

循环语句用于 C 语言的循环控制，使某种操作反复执行多次。循环语句有：for 循环、while 循环、do…while 循环等。

（1）for 循环。采用 for 语句构成的循环结构的格式为：

for（［初值设置表达式］；［循环条件表达式］；［更新表达式］）语句；

for 语句执行的过程是：先计算初值设置表达式的值，将其作为循环控制变量的初值，再检查循环条件表达式的结果，当满足条件时，就执行循环体语句，再计算更新表达式的值，然后再进行条件比较，根据比较结果，决定循环体是否执行，一直到循环表达式的结果为假（0值）时，退出循环体。

for 循环结构中的 3 个表达式是相互独立的，不要求它们相互依赖。3 个表达式可以是默认的，但循环条件表达式不能默认，以免形成死循环。

（2）while 循环。while 循环的一般形式是：

while（条件表达式）语句；

while 循环中语句可以使用复合语句。

当条件表达式的结果为真（非 0 值），程序执行循环体的语句，一直到条件表达式的结果为假（0值）。while 循环结构先检查循环条件，再决定是否执行其后的语句。如果循环表达式的结果一开始就为假，那么其后的语句一次都不执行。

（3）do…while 循环。采用 do…while 也可以构成循环结构。do…while 循环结构的格式为：

do 语句 while（条件表达式）；

do…while 循环结构中语句可使用复合语句。

do…while 循环先执行语句，再检查条件表达式的结果。当条件表达式的结果为真（非 0 值），程序继续执行循环体的语句，一直到条件表达式的结果为假（0值）时，退出循环。

do…while 循环结构中语句至少执行一次。

6. goto、break、continue 语句

goto 语句是一个无条件转移语句，一般形式为：

goto 语句标号：

语句标号是一个带冒号"："的标识符。

goto 语句可与 if 语句构成循环结构，goto 主要用于跳出多重循环，一般用于从内循环跳到外循环，不允许从外循环跳到内循环。

break 语句用于跳出循环体，一般形式为：

break；

对于多重循环，break 语句只能跳出它所在的那一层循环，而不能像 goto 语句可以跳出最内层循环。

continue 是一种中断语句，功能是中断本次循环。它的一般形式为：

continue；

continue 语句一般与条件语句一起用在 for、while 等语句构成循环结构中，它是具有特殊功能的无条件转移语句，与 break 不同的是，continue 语句并不决定跳出循环，而是决定是否继续执行。

7. return 返回语句

return 返回语句用于终止函数的执行，并控制程序返回到调用该函数时所处的位置。

返回语句的基本形式：

return；

return（表达式）；

当返回语句带有表达式时，则要先计算表达式的值，并将表达式的值作为该函数的返回值；当返回语句不带表达式时，则被调用的函数返回主调函数，函数值不确定。

六、我的第一个 Arduino 语言程序设计

1. LED 灯闪烁控制流程图（见图 3-1）

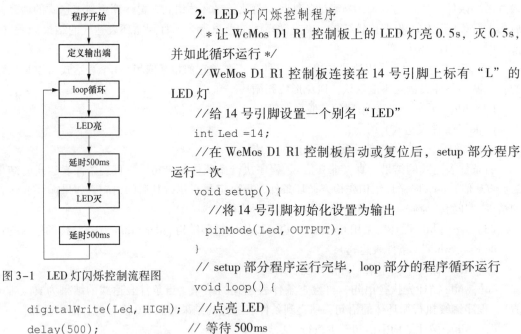

图 3-1　LED 灯闪烁控制流程图

2. LED 灯闪烁控制程序

/＊让 WeMos D1 R1 控制板上的 LED 灯亮 0.5s，灭 0.5s，并如此循环运行＊/

//WeMos D1 R1 控制板连接在 14 号引脚上标有 "L" 的 LED 灯

//给 14 号引脚设置一个别名 "LED"

int Led =14；

//在 WeMos D1 R1 控制板启动或复位后，setup 部分程序运行一次

```
void setup() {
    //将 14 号引脚初始化设置为输出
    pinMode(Led, OUTPUT);
}
// setup 部分程序运行完毕，loop 部分的程序循环运行
void loop() {
    digitalWrite(Led, HIGH);    //点亮 LED
    delay(500);                 // 等待 500ms
    digitalWrite(Led, LOW);     // 熄灭 LED
    delay(500);                 //等待 500ms
}
```

3. LED 灯闪烁控制程序分析

LED 灯闪烁控制程序首先给 WeMos D1 R1 控制板的 14 号引脚起了个别名 "Led"，便于人们识别。

LED 灯闪烁控制程序的 setup 部分初始化输出端 14 号引脚为输出。

LED 灯闪烁控制程序的 loop 部分是循环执行程序，首先使别名 "Led" 的 14 号引脚输出高电平，点亮 LED 灯，接着应用延时函数延时 500ms，然后使别名 "Led" 的 14 号引脚输出低

电平，熄灭 LED 灯，接着应用延时函数再延时 500ms，如此反复，使得 LED 灯不断闪烁。

 技能训练

一、训练目标

（1）学会书写 Arduino 基本语句。
（2）学会 C 语言变量定义。
（3）学会编写 Arduino 语言函数程序。
（4）学会调试 Arduino 语言程序。

二、训练步骤与内容

（1）画出 LED 灯闪烁控制流程图。

（2）建立一个项目。

1）在 E 盘，新建一个文件夹 C01。

2）启动 Arduino 软件。

3）选择执行"文件"菜单下"New"新建一个项目命令，自动创建一个新项目。

4）"文件"菜单下"另存为"命令，打开另存为对话框，选择文件夹 C01，在文件名栏输入"LED1"，单击"保存"按钮，保存 LED1 项目文件。

（3）编写程序文件。在 LED1 项目文件编辑区输入 LED 灯闪烁控制程序，单击工具栏"🖫"保存按钮，保存项目文件。

（4）编译程序。

1）单击"工具"菜单下的"开发板"子菜单命令，在右侧出现的板选项菜单中选择"WeMos D1 R1"。

2）单击"项目"菜单下的"验证/编译"子菜单命令，或单击工具栏的验证/编译按钮，Arduino 软件首先验证程序是否有误，若无误，程序自动开始编译程序。

3）等待编译完成，在软件调试提示区，观看编译结果。

（5）下载调试程序

1）单击"工具"菜单下的"端口"子菜单命令，在右侧出现的端口选项菜单中选择控制板连接的端口"COM3"。

2）单击工具栏的下载工具按钮图标，将程序下载到 WeMos D1 R1 控制板。

3）下载完成，在软件调试提示区，观看下载结果，观察 WeMos D1 R1 控制板上指示灯的状态变化。

4）修改延时参数，重新编译下载程序，观察 WeMos D1 R1 控制板上指示灯的状态变化。

任务5 学用 Arduino 控制函数

💡 基础知识

一、Arduino 程序语言

1. Arduino 数据类型

（1）常量。常量 constants 是在 Arduino 语言里预定义的变量。它的值在程序运行中不能改变。常量可以是数字，也可以是字符。通常使用 define 语句定义：

#define 常量名 常量值

```
#define true 1
#define false 0
```

常量的应用使程序更易阅读。我们按组将常量分类。

1）逻辑常量：用于逻辑层定义。在 Arduino 内有两个常量用来表示真和假：true 和 false（布尔 boolean 常量）。

false 在这两个常量中更容易被定义，false 被定义为 0（零）。

true 通常被定义为 1，这是正确的，但 true 具有更广泛的定义。在布尔含义（boolean sense）里任何非零整数为 true，所以在布尔含义内-1、2 和-200 都定义为 ture。需要注意的是，true 和 false 常量，不同于 HIGH、LOW、INPUT 和 OUTPUT，需要全部小写。Arduino 是大小写敏感语言。

2）电平常量：用于引脚电压定义。当读取（read）或写入（write）数字引脚时只有两个可能的值：HIGH 和 LOW。

HIGH（参考引脚）的含义取决于引脚（pin）的设置，引脚定义为 INPUT 或 OUTPUT 时含义有所不同。当一个引脚通过 pinMode 被设置为 INPUT，并通过 digitalRead 读取时。如果当前引脚的电压大于等于 3V，微控制器将会返回为 HIGH。引脚也可以通过 pinMode 被设置为 IN-PUT，并通过 digitalWrite 设置为 HIGH。输入引脚的值将被一个内在的 20kΩ 上拉电阻控制在 HIGH 上，除非一个外部电路将其拉低到 LOW。当一个引脚通过 pinMode 被设置为 OUTPUT，并 digitalWrite 设置为 HIGH 时，引脚的电压应在 5V。在这种状态下，它可以输出电流。例如，点亮一个通过一串电阻接地或设置为 LOW 的 OUTPUT 属性引脚的 LED。

LOW 的含义同样取决于引脚设置，引脚定义为 INPUT 或 OUTPUT 时含义有所不同。当一个引脚通过 pinMode 配置为 INPUT，通过 digitalRead 设置为读取时，如果当前引脚的电压小于等于 2V，微控制器将返回为 LOW。当一个引脚通过 pinMode 配置为 OUTPUT，并通过 digitalWrite 设置为 LOW 时，引脚为 0V。在这种状态下，它可以倒灌电流。例如，点亮一个通过串联电阻连接到+5V，或到另一个引脚配置为 OUTPUT、HIGH 的 LED。

3）输入/输出常量：用于数字引脚（digital pins）定义。数字引脚当作 INPUT 或 OUTPUT 都可以。用 pinMode（）方法使一个数字引脚从 INPUT 到 OUTPUT 变化。

引脚（pins）配置为输入（inputs）。Arduino 引脚通过 pinMode（）配置为输入（INPUT），即将其配置在一个高阻抗的状态。配置为 INPUT 的引脚可以理解为引脚取样时对电路有极小的需求，即等效于在引脚前串联一个 100MΩ 的电阻。这使得它们非常利于读取传感器，而不是为 LED 供电。

引脚（pins）配置为输出（outputs）。引脚通过 pinMode（）配置为输出（OUTPUT），即将其配置在一个低阻抗的状态。这意味着它们可以为电路提供充足的电流。ESP8266 控制板引脚可以向其他设备/电路提供（提供正电流 positive current）或倒灌（提供负电流 negative current）达 40mA 的电流。这使得它们利于给 LED 供电，而不是读取传感器。输出（OUTPUT）引脚被短路的接地或 5V 电路上会受到损坏甚至烧毁。ESP8266 控制板引脚在为继电器或电机供电时，由于电流不足，将需要一些外接电路来实现供电。

4）其他常量。其他常量包括数字常量和字符型常量等。例如：

```
#define PI 3.14
#define String1'abc'
```

项目三　学习Arduino编程技术 39

（2）void。void 只用在函数声明中，它表示该函数将不会被返回任何数据到它被调用的函数中。

（3）变量。变量是在程序运行中其值可以变化的量。定义方法为：

类型 变量名；

例如：

`int val;　//定义一个整型变量 val`

Arduino 常用的变量类型包括 boolean、char、byte、word、int、long、float、string、array 等，各种变量类型详细说明如下。

1）布尔（boolean）。一个布尔变量拥有两个值，即 true 或 false。每个布尔变量占用一个字节的内存。

2）字符（char）。字符 char 类型，占用 1 个字节的内存存储一个字符值。字符都写在单引号中，如' A'；多个字符（字符串）使用双引号，如" ABC"。

字符以编号的形式存储，可在 ASCII 表中看到对应的编码。这意味着字符的 ASCII 值可以用来做数学计算。例如，' A' + 1，因为大写 A 的 ASCII 值是 65，所以结果为 66。

char 数据类型是有符号的类型，这意味着它的编码为–128 ~ 127。对于一个无符号 1 个字节（8 位）的数据类型，使用 byte 数据类型。

3）无符号字符型（unsigned char）。一个无符号数据类型占用 1 个字节的内存。与 byte 的数据类型相同。无符号的 char 数据类型能编码 0 ~ 255 的数字。为了保持 Arduino 的编程风格的一致性，byte 数据类型是首选。

4）字节型（byte）。一个字节存储 8 位无符号数，0 ~ 255。

5）整型（int）。整数是基本数据类型，占用 2 字节。整数的范围为–32768 ~ 32767。整数类型使用 2 的补码方式存储负数。最高位通常为符号位，表示数的正负。其余位被"取反加 1"。

6）无符号整型（unsigned int）。无符号整型与整型数据同样大小，占据 2 字节。它只能用于存储正数而不能存储负数，范围为 0 ~ 65535。无符号整型和整型最重要的区别是它们的最高位不同，即符号位。在 Arduino 整型类型中，如果最高位是 1，则此数被认为是负数，剩下的 15 位为按 2 的补码计算所得值。

7）字（word）。一个存储一个 16 位无符号数的字符，取值范围为 0 ~ 65535，与 unsigned int 相同。

8）长整型（long）。长整数型变量是扩展的数字存储变量，它可以存储 32 位（4 字节）大小的变量，范围为–2147483648 ~ 2147483647。

9）无符号长整型（unsigned long）。无符号长整型变量扩充了变量容量以存储更大的数据，它能存储 32 位（4 字节）数据。与标准长整型不同无符号长整型无法存储负数，其范围为 0 ~ 4294967295。

10）单精度浮点型（float）。浮点型数据就是有一个小数点的数字。浮点数经常被用来近似的模拟连续值，因为他们比整数精确度更高。浮点数的取值范围在 3.4028235E+38 ~ –3.4028235E +38。它被存储为 32 位（4 字节）的信息。float 只有 6 ~ 7 位有效数字，这指的是总位数，而不是小数点右边的数字。在 Arduino 上，double 型与 float 型的大小相同。

11）双精度浮点型（double）。双精度浮点数。占用 4 个字节。目前的 Arduino 上的 double 实现和 float 相同，精度并未提高。

12）字符串（string）。文本字符串可以有两种表现形式，即使用字符串数据类型（0019

版本的核心部分），或者做一个字符串（由 char 类型的数组和空终止字符' \ 0' 构成）。字符串对象能够实现更多的功能，同时也消耗更多的内存资源。

13）数组（array）。数组是一种可访问的变量的集合。Arduino 的数组是基于 C 语言的，因此这会变得很复杂，但使用简单的数组是比较简单的。

创建（声明）一个数组：数据类型 数组名。例如：

```
charmy[];
```

数组是从零开始索引的，也就说，上面所提到的数组初始化，数组第一个元素是为索引 0。

2. 数据类型转换（见表 3-5）

表 3-5 数 据 类 型 转 换

函数	作用	语法
char（）	将一个变量的类型变为 char	char（x）
byte（）	将一个值转换为字节型数值	byte（x）
int（）	将一个值转换为 int 类型	int（x）
word（）	把一个值转换为 word 类型，或由两个字节创建一个字符	word（x） word（H，L）
long（）	将一个值转换为长整型数据类型	long（x）
float（）	将一个值转换为 float 型数值	float（x）

3. 变量的作用域

在 Arduino 使用的 C 编程语言的变量，有一个名为作用域（scope）的属性。在一个程序内的全局变量是可以被所有函数所调用的。局部变量只在声明它们的函数内可见。

在 Arduino 的环境中，任何在函数［如 setup（）、loop（）等］外声明的变量，都是全局变量。

4. 静态变量 static

static 关键字用于创建只对某一函数可见的变量。然而，和局部变量不同的是，局部变量在每次调用函数时都会被创建和销毁，静态变量在函数调用后仍然保持着原来的数据。

静态变量只会在函数第一次调用的时候被创建和初始化。

5. 易变变量 volatile

volatile 这个关键字是变量修饰符，常用在变量类型的前面，以告诉编译器和接下来的程序怎么处理这个变量。

声明一个 volatile 变量是编译器的一个指令。编译器是一个将 C/C++代码转换成机器码的软件，机器码是 Arduino 上的 ESP8266 控制板芯片能识别的真正指令。

具体来说，它指示编译器从 RAM 而非存储寄存器中读取变量，存储寄存器是程序存储和操作变量的一个临时地方。在某些情况下，存储在寄存器中的变量值可能是不准确的。

如果一个变量所在的代码段可能会意外地导致变量值改变，那么此变量应声明为 volatile，如并行多线程等。在 Arduino 中，唯一可能发生这种现象的地方就是和中断有关的代码段，成为中断服务程序。

6. 不可改变的变量 const

const 关键字代表常量。它是一个变量限定符，用于修改变量的性质，使其变为只读状态。这意味着该变量，就像任何相同类型的其他变量一样使用，但不能改变其值。如果尝试为一个 const 变量赋值，编译时将会报错。

const 关键字定义的常量，遵守 variable scoping 管辖的其他变量的规则。这一点加上使用 #define 的缺陷，使 const 关键字成为定义常量的一个的首选方法。#define a b 定义的常量只是用后者 b 代替前者 a。

7. Arduino 运算符

算术运算符，包括=（赋值）、+（加）、-（减）、*（乘）、/（除）、%（取模）等。

逻辑运算符，包括 &&（逻辑与）、‖（逻辑或）、!（逻辑非）。

位逻辑运算符，包括 &（位与）、|（位或）、^（位异或）、~（位非）等。

逻辑比较运算符，包括!=（不等于）、==（等于）、<（小于）、>（大于）、<=（小于等于）、>=（大于等于）等。

指针运算符，包括 &（取地址）、*（取数据）等。

左移、右移运算符，包括<<（左移运算）、>>（右移运算）。

另外，可由基本运算符与赋值运算符组合构成复合运算符，如"Y+=x"相当于"Y=Y+x"。类似的还有：-=、*=、/=、&=、|=、^=、<<=、>>=等。

二、Arduino 的基本函数（见表 3-6）

表 3-6　　　　　　　　　　　　　　Arduino 的基本函数

函数	描述
pinMode（）	设置引脚模式：void pinMode（uint8_t pin, uint8_t mode） 参数：pin 为引脚编号；mode 为 INPUT、OUTPUT 或 INPUT_PULLUP
digitalWrite（）	写数字引脚：void digitalWrite（uint8_t pin, uint8_t value） 写数字引脚，对应引脚的高低电平。在写引脚之前，需要将引脚设置为 OUTPUT 模式。 参数：pin 为引脚编号；value 为 HIGH 或 LOW
digitalRead（）	读数字引脚：int digitalRead（uint8_t pin） 读数字引脚，返回引脚的高低电平。在读引脚之前，需要将引脚设置为 INPUT 模式
analogReference（）	配置参考电压：void analogReference（uint8_t type） 配置模式引脚的参考电压。函数 analogRead 在读取模拟值之后，将根据参考电压将模拟值转换到［0，1023］区间，有以下类型：DEFAULT 为默认 5V；INTERNAL 为低功耗模式，ESP8266 控制板 168 和 ESP8266 控制板 8 对应 1.1～2.56V；EXTERNAL 为扩展模式，通过 AREF 引脚获取参考电压
analogRead（）	读模拟引脚：int analogRead（uint8_t pin） 读模拟引脚，返回 0～1023 之间的值，每读一次需要花费 1μs
analogWrite（）	写模拟引脚：void analogWrite（uint8_t pin, int value） value 为 0～255 之间的值，0 对应 off，255 对应 on。 写一个模拟值（PWM）到引脚，可以用来控制 LED 的亮度或者控制电机的转速。在执行该操作后，应等待一定时间后才能对该引脚进行下一次的读或写操作。PWM 的频率大约为 490Hz
shiftOut（）	位移输出函数：void shiftOut（uint8_t dataPin, uint8_t clockPin, uint8_t bitOrder, byte val） 输入 value 数据后，Arduino 会自动把数据移动分配到 8 个并行输出端。其中 dataPin 为连接 DS 的引脚号；clockPin 为连接 SH_CP 的引脚号；bitOrder 为设置数据位移顺序，分别为高位先入 MSBFIRST 或者低位先入 LSBFIRST
pulseIn（）	读脉冲：unsigned long pulseIn（uint8_t pin, uint8_t state, unsigned long timeout） 读引脚的脉冲，脉冲可以是 HIGH 或 LOW。如果是 HIGH，函数将先等引脚变为高电平，然后开始计时，一直到变为低电平为止。返回脉冲持续的时间长短，单位为微秒（μs）。如果超时还没有读到的话，将返回 0

函数	描述
millis（）	毫秒时间：unsigned long millis（void） 获取机器运行的时间长度，单位为毫秒（ms），系统最长的记录时间接近 50 天，如果超出时间将从 0 开始
delay（ms）	延时（毫秒）：void delay（unsigned long ms） 参数为 unsigned long，因此在延时参数超过 32767（int 型最大值）时，需要用 "UL" 后缀表示为无符号长整型，如 "delay（60000UL）；"。同样，在参数表达式，且表达式中有 int 类型时，需要强制转换为 unsigned long 类型，如 "delay（（unsigned long）tdelay * 100UL）；"
delayMicroseconds（us）	延时（微秒）：void delayMicroseconds（unsigned int us） 延时单位为微秒（1ms＝1000μs）。如果延时的时间有几千微秒，那么建议使用 delay 函数。目前参数最大支持 16383μs
attachInterrupt（）	设置中断：void attachInterrupt（uint8_t interruptNum, void（ * ）（void）userFunc, int mode） 指定中断函数。外部中断有 0 和 1 两种，一般对应 2 号和 3 号数字引脚。 Interrupt 为中断类型，即 0 或 1。fun 对应函数。mode 触发方式有以下几种：LOW 为低电平触发中断；CHANGE 为变化时触发中断；RISING 为上升沿触发中断；FALLING 为下降沿触发中断
detachInterrupt（）	取消中断：void detachInterrupt（uint8_t interruptNum） 取消指定类型的中断
interrupts（）	开中断：#define interrupts（）sei（）
noInterrupts（）	关中断：#define noInterrupts（）cli（）
begin（）	打开串口：void HardwareSerial：begin（long speed） 其中 speed 为波特率
flush（）	刷新串口数据
available（）	有串口数据返回真：Serial. available（） 获取串口上可读取的数据的字节数。该数据是指已经到达并存储在接收缓存（共有 64 字节）中
read（void）	读串口 Serial. read（）
write（uint8_t）	写串口。 单字节：Serial. write（） Serial. write（val）val：作为单个字节发送的数据。 Serial. write（str）str：由一系列字节组成的字符串。 Serial. write（buf, len）buf：同一系列字节组成的数组； len：要发送的数组的长度
print（）	多字节写 Serial. print（val） 向串口发送数据，无换行。 描述：以人类可读的 ASCII 码形式向串口发送数据，该函数有多种格式。整数的每一数位将以 ASCII 码形式发送。浮点数同样以 ASCII 码形式发送，默认保留小数点后两位。字节型数据将以单个字符形式发送。字符和字符串会以其相应的形式发送。 Serial. print（val, format） 可选的第二个参数用于指定数据的格式。允许的值为：BIN（binary 二进制）、OCT（octal 八进制）、DEC（decimal 十进制）、HEX（hexadecimal 十六进制）。对于浮点数，该参数指定小数点的位数
println（）	向串口发送数据，类似 Serial. print（），但有换行
peak（）	返回收到的串口数据的下一个字节（字符），但是并不把该数据从串口数据缓存中清除。就是说，每次成功调用 peak（）将返回相同的字符。与 read（）一样，peak（）继承自 Stream 实用类。 语法：可参照 Serial. read（）

续表

函数	描述
serialEvent（）	当串口有数据到达时调用该函数，然后使用 Serial. read（）捕获该数据
bitRead（）	读取一个数的位。 语法：bitRead（x, n） 参数：x 代表想要被读取的数；n 代表被读取的位，0 是最低有效位（最右边）该位的返回值（0 或 1）
bitWrite（）	在位上写入数字变量。 语法：bitWrite（x, n, b） 参数：x 代表要写入的数值变量；n 代表要写入的数值变量的位，从 0 开始是最低（最右边）的位；b 代表写入位的数值（0 或 1）

三、Arduino 分支程序结构

1. 条件分支结构（见表 3-7）

表 3-7　　　　　　　　　　　　条 件 分 支 结 构

条件分支	描述
if	用于与比较运算符结合使用，测试是否已达到某些条件。如果是，程序将执行特定的动作
if...else	条件满足，执行 if 条件后的语句；条件不满足，执行 else 后的语句，形成双分支结构
if... else if... else...	首先进行 if 判断，若满足就执行其后语句；若不满足，则判断 else if 后的条件是否满足，满足就执行其后语句；若所有条件都不满足，则执行 else 后的语句。else if 可以多次使用，由此形成多分支条件结构
switch...case	switch...case 允许程序员根据不同的条件指定不同的应被执行的代码来控制程序分支。特别地，一个 switch 语句对一个变量的值与 case 语句中指定的值进行比较。当一个 case 语句被发现其值等于该变量的值，就会运行这个 case 语句下的代码。 break 关键字将中止并跳出 switch 语句段，常用于每个 case 语句的最后。如果没有 break 语句，switch 语句将继续执行下面的表达式，直至遇到 break，或到达 switch 语句的末尾

2. 循环结构（见表 3-8）

表 3-8　　　　　　　　　　　　循 环 结 构

循环结构	描述
for 循环	for（i=0; i<val; i++）{} 由变量控制循环
while 循环	while（a）{} while 循环是先判断再执行的循环。若圆括号（）中的表达式为真，执行其后的语句，直到表达式变为假时才终止执行
do...while 循环	do 循环与 while 循环使用相同方式工作，不同的是条件是在循环的末尾被测试的，所以 do 循环总会至少运行一次
loop 循环	无条件循环结构

 技能训练

一、训练目标

（1）学会书写 Arduino 基本语句。

（2）学会编写 Arduino 语言程序。

二、训练步骤与内容

（1）按照图 3-2 循环灯控制电路连接实验电路。

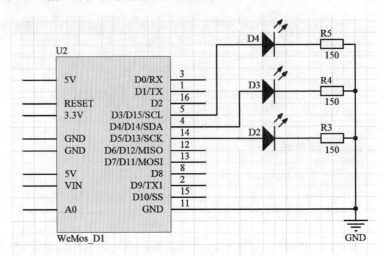

图 3-2　循环灯控制电路

（2）建立一个项目。

1）在 E 盘，新建一个文件夹 C02。

2）启动 Arduino 软件。

3）选择执行"文件"菜单下"New"新建一个项目命令，自动创建一个新项目。

4）"文件"菜单下"另存为"命令，打开另存为对话框，选择另存的文件夹 C02，在文件名栏输入"LED2"，单击"保存"按钮，保存 LED2 项目文件。

（3）编写程序文件。在 LED2 项目文件编辑区输入下面的 LED 循环灯控制程序，单击工具栏"💾"保存按钮，保存项目文件。

```
int Led1 = 14 ;
int Led2 = 4;
int Led3 = 5 ;
void setup() {
pinMode(Led1, OUTPUT);    //设置 Led1 为输出
pinMode(Led2, OUTPUT);    //设置 Led2 为输出
pinMode(Led3, OUTPUT);    //设置 Led3 为输出
digitalWrite(Led1, LOW);//设置 Led1 为低电平，熄灭 Led1
digitalWrite(Led2, LOW);//设置 Led2 为低电平，熄灭 Led2
digitalWrite(Led3, LOW);//设置 Led3 为低电平，熄灭 Led3
}
void loop() {
digitalWrite(Led1, HIGH);    //点亮 Led1
delay(500);   // 等待 500ms
digitalWrite(Led2, HIGH);    //点亮 Led2
```

```
delay(500);    // 等待 500ms
digitalWrite(Led3, HIGH);    //点亮 Led3
delay(500);    // 等待 500ms
digitalWrite(Led1, LOW);    // 熄灭 Led1
delay(500);    //等待 500ms
digitalWrite(Led2, LOW);    // 熄灭 Led2
delay(500);    //等待 500ms
digitalWrite(Led3, LOW);    // 熄灭 Led3
delay(500);    //等待 500ms
}
```

（4）编译程序。

1）单击"工具"菜单下的"板"子菜单命令，在右侧出现的板选项菜单中选择"WeMos D1 R1"。

2）单击"项目"菜单下的"验证/编译"子菜单命令，或单击工具栏的验证/编译按钮，Arduino 软件首先验证程序是否有误，若无误，程序自动开始编译程序。

3）等待编译完成，在软件调试提示区，观看编译结果。

（5）下载调试程序。

1）单击工具栏的下载工具按钮图标，将程序下载到启动 WeMos D1 R1 控制板。

2）下载完成，在软件调试提示区，观看下载结果，观察 WeMos D1 R1 控制板连接的指示灯的状态变化。

3）修改延时参数，重新编译下载程序，观察 WeMos D1 R1 控制板连接的指示灯的状态变化。

任务 6　编制用户函数

 基础知识

一、函数

1. 函数的定义

一个完整的 C 语言程序是由若干个模块构成的，每个模块完成一种特定的功能，而函数就是 C 语言的一个基本模块，用以实现一个子程序功能。C 语言总是从主函数开始，main（）函数是一个控制流程的特殊函数，它是程序的起始点。在程序设计时，程序如果较大，就可以将其分为若干个子程序模块，每个子程序模块完成一个特殊的功能，这些子程序通过函数实现。

C 语言函数可以分为两大类，标准库函数和用户自定义函数。标准库函数是 ICCV7 提供的，用户可以直接使用。用户自定义函数是用户根据实际需要，自己定义和编写的能实现一种特定功能的函数。必须先定义后使用。函数定义的一般形式为：

函数类型 函数名（形式参数表）

形式参数说明

{

局部变量定义

函数体语句

}

其中，"函数类型"定义函数返回值的类型。

"函数名"是用标识符表示的函数名称。

"形式参数表"中列出的是主调函数与被调函数之间传输数据的形式参数。形式参数的类型必须说明。ANSI C 标准允许在形式参数表中直接对形式参数类型进行说明。如果定义的是无参数函数，可以没有形式参数表，但圆括号"（）"不能省略。

"局部变量定义"是定义在函数内部使用的变量。

"函数体语句"是为完成函数功能而组合各种 C 语言语句。

如果定义的函数内只有一对花括号且没有局部变量定义和函数体语句，该函数为空函数，空函数也是合法的。

【例1】定义一个无参数的函数，计算从 1 加到 10 的结果。

```
int sum(){
int i, sum=0;
for(i=1; i<=10; i++){
sum+=i;
}
return sum;
}}
```

【例2】定义一个带参数的函数，计算从 m 加到 n 的结果。

```
int sum(int m, int n){
int i, sum=0;
for(i=m; i<=n; i++){
sum+=i;
}
return sum;
}
```

2. 函数的调用与声明

通常 C 语言程序是由一个主函数 main（）和若干个函数构成。主函数可以调用其他函数，其他函数可以彼此调用，同一个函数可以被多个函数调用任意多次。通常把调用其他函数的函数称为主调函数，其他函数称为被调函数。

函数调用的一般形式为：

函数名（实际参数表）

其中，"函数名"指出被调用函数的名称。

"实际参数表"中可以包括多个实际参数，各个参数之间用逗号分隔。实际参数的作用是将它的值传递给被调函数中的形式参数。要注意的是，函数调用中实际参数与函数定义的形式参数在个数、类型及顺序上必须严格保持一致，以便将实际参数的值分别正确地传递给形式参数。如果调用的函数无形式参数，可以没有实际参数表，但圆括号"（）"不能省略。

C 语言函数调用有 3 种形式。

（1）函数语句。在主调函数中通过一条语句来表示。

```
Nop();
```

这是无参数调用，是一个空操作。

（2）函数表达式。在主调函数中将被调函数作为一个运算对象直接出现在表达式中，这种表达式称为函数表达式。

```
y=add(a,b)+sub(m,n);
```

这条赋值语句包括两个函数调用，每个函数调用都有一个返回值，将两个函数返回值相加赋值给变量 y。

（3）函数参数。在主调函数中将被调函数作为另一个函数调用的实际参数。

```
x=add(sub(m,n),c)
```

函数 sub（m，n）作为另一个函数 add（sub（m，n），c）中的实际参数，以它的返回值作为另一个被调函数的实际参数。这种在调用一个函数过程中又调用另一个函数的方式，称为函数的嵌套调用。

二、预处理

预处理是 C 语言在编译之前对源程序的编译。预处理包括宏定义、文件包括和条件编译。

1. 宏定义

宏定义的作用是用指定的标识符代替一个字符串。

一般定义为：

#define 标识符　字符串

#define uChar8 unsigned char　//定义无符号字符型数据类型 uChar8

定义了宏之后，就可以在任何需要的地方使用宏，在 C 语言处理时，只是简单地将宏标识符用其字符串代替。

定义无符号字符型数据类型 uChar8，可以在后续的变量定义中使用 uChar8，在 C 语言处理时，只是简单地将宏标识符 uChar8 用其字符串 unsigned char 代替。

2. 文件包括

文件包括的作用是将一个文件内容完全包括在另一个文件之中。

文件包括的一般形式为：

#include "文件名"

或#include<文件名>

两者的区别在于，用双引号的 include 指令首先在当前文件的所在目录中查找包含文件，如果没有则到系统指定的文件目录去寻找；使用尖括号的 include 指令直接在系统指定的包含目录中寻找要包含的文件。

在程序设计中，文件包含可以节省用户的重复工作，或者可以先将一个大的程序分成多个源文件，由不同人员编写，然后再用文件包括指令把源文件包含到主文件中。

3. 条件编译

通常情况下，在编译器中进行文件编译时，将会对源程序中所有的行进行编译。如果用户想在源程序中的部分内容满足一定条件时才编译，则可以通过条件编译对相应内容制定编译的条件来实现相应的功能。条件编译有以下 3 种形式。

（1）#ifdef 标识符 程序段 1；#else 程序段 2；#endif

其作用是，当标识符已经被定义过（通常用#define 命令定义）时，只对程序段 1 进行编译，否则编译程序段 2。

（2）#ifndef 标识符 程序段 1；#else 程序段 2；#endif

其作用是，当标识符已经没有被定义过（通常用#define 命令定义）时，只对程序段 1 进行编译，否则编译程序段 2。

（3）#if 表达式 程序段 1；#else 程序段 2；#endif

当表达式为真时，编译程序段 1，否则编译程序段 2。

三、设计用户函数

1. 函数的作用

函数的作用就相当于一台机器，这些机器的作用各不相同。不同的函数能完成不同的特定的功能。就像用户把面粉放进面粉加工机，出来的是食品一样。C 语言的函数就是用户放入数据，它对数据进行处理。

2. 设计用户函数

通过设计用户函数，可以使程序结构清晰，提高编程质量和效率。

（1）设计 LED 控制函数，使程序简洁明了。

1）使输出为高电平的函数。

```
void ledOn() {
digitalWrite(LED, HIGH);     //使 LED 输出高电平
}
```

2）使输出为低电平的函数。

```
void ledOff() {
digitalWrite(LED, LOW);    // 使 LED 输出低电平
}
```

3）使输出为电平交替变化的函数。

```
void ledToggle() {
digitalWrite(LED, ! digitalRead(LED));   // 改变 LED 输出
}
```

（2）函数调用。

```
#define LED1   14    //宏定义 LED 为 14
void setup() {
  pinMode(LED1, OUTPUT);   //设置 LED 为输出
  digitalWrite(LED1, HIGH); //LED 输出为高电平
}
void loop() {
  ledOn();
  delay(500);
  ledOff();
  delay(500);
}
void ledOn() {
  digitalWrite(LED1, HIGH);
}
void ledOff() {
  digitalWrite(LED1, LOW);
}
```

（3）按键检测控制 LED 程序。

程序清单：

```
#define LED   14   //宏定义 LED 为 14
#define KEY1 5     //宏定义 KEY1 为 5
int keyState = 0;   //定义按键状态 keyState，初始化为 0
void setup()
{
  pinMode(LED, OUTPUT);   //设置 LED 为输出
  pinMode(KEY1, INPUT);   //设置按键 KEY1 为输入
  digitalWrite(LED, HIGH); //LED 输出为高电平
}
void loop()
{
  Keyscan();   //按键扫描
  digitalWrite(LED, keyState); //根据按键扫描，确定 LED 输出
}
void Keyscan() //按键扫描函数
{
  if(digitalRead(KEY1) = = 0) //按键 KEY1 是否被按下
  {
    delay(50); //延时防抖动
    if(digitalRead(KEY1) = = 0) //查看按键 KEY1 是否还处于被按下状态
    {
      keyState = ! keyState;  //切换按键状态
      while(! digitalRead(KEY1)); //等待 KEY1 放手
    }
  }
}
```

⚙ 技能训练

一、训练目标

（1）学会编写用户函数。

（2）学会应用按键控制 LED。

二、训练步骤与内容

（1）按照图 3-3 按键控制 LED 电路连接实验电路。

（2）建立一个项目。

1）在 E 盘，新建一个文件夹 C03。

2）启动 Arduino 软件。

3）选择执行"文件"菜单下"New"新建一个项目命令，自动创建一个新项目。

4）"文件"菜单下"另存为"命令，打开另存为对话框，选择另存的文件夹 C03，在文

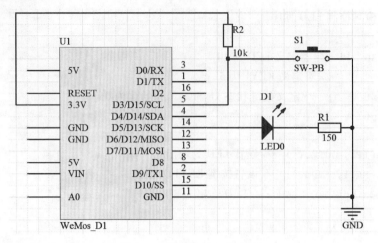

图3-3　按键控制 LED 电路

件名栏输入"KeyLed3"，单击"保存"按钮，保存 KeyLed3 项目文件。

（3）输入程序。在 KeyLed3 项目文件编辑区输入按键检测控制 LED 程序，单击工具栏"![保存]"保存按钮，保存项目文件。

（4）下载调试程序。

1）按图 3-3 连接控制电路。

2）编译程序。

3）单击工具栏的下载工具按钮图标，将程序下载到启动 WeMos D1 R1 控制板。

4）下载完成，在软件调试提示区，观看下载结果。

5）按下按键，观察 WeMos D1 R1 控制板连接的指示灯的状态变化。

6）再次按下按键，观察 WeMos D1 R1 控制板连接的指示灯的状态变化。

任务7　使用数组控制三只 LED 流水灯

 基础知识

一、数组与指针

1. 数组的定义

首先声明数组的类型，然后声明数组元素的个数（也就是需要多少存储空间）。

格式：元素类型 数组名［元素个数］；

比如：A［3］；

数组元素有顺序之分，每个元素都有一个唯一的下标（索引），而且都是从 0 开始。

2. 数组的使用

数组元素的访问：A［i］；

数组元素的初始化：int a［3］＝｛10，9，6｝；

3. 指针变量的定义和使用

（1）定义指针。定义指针变量与定义普通变量非常类似，不过要在变量名前面加星号＊，格式为：

```
int  * name;
```

其中，∗表示这是一个指针变量；int 表示该指针变量所指向的数据的类型；name 是一个指向 int 类型数据的指针变量，至于究竟指向哪一份数据，应由赋予它的值决定。

（2）使用指针。

1）取地址。

```
int a = 100;
int * p_a = &a;
```

在定义指针变量 p_a 的同时对它进行初始化，并将变量 a 的地址赋予它，此时 p_a 就指向了 a。值得注意的是，p_a 需要的是一个地址，a 前面必须要加取地址符 &，否则是不对的。

2）通过指针变量取得数据。指针变量存储了数据的地址，通过指针变量能够获得该地址上的数据，格式为：

```
* point;
```

这里的 ∗ 称为指针运算符，用来取得某个 point 地址上的数据。

3）程序中星号作用。星号 ∗ 在不同的场景下有不同的作用：∗ 可以用在指针变量的定义中，表明这是一个指针变量，以和普通变量区分开；使用指针变量时在前面加 ∗ 表示获取指针指向的数据，或者说表示的是指针指向的数据本身。定义指针变量时的 ∗ 和使用指针变量时的 ∗ 意义完全不同。以下面的语句为例：

```
int * p = &a;
* p = 6;
```

第 1 行代码中 ∗ 用来指明 p 是一个指针变量，第 2 行代码中 ∗ 用来获取指针指向的数据。给指针变量本身赋值时不能加 ∗，修改上面的语句为：

```
int * p;
p= &a;
* p = 6;
```

第 2 行代码中的 p 前面就不能加 ∗。

二、使用数组控制三只 LED 流水灯

使用数组控制 R、G、B 三只 LED 流水灯，控制程序如下：

```
int LedPin[] = {14,12,13};
void setup()
{
  unsigned char i;
   for(i = 0; i <3; i++)
pinMode(LedPin[i], OUTPUT);    //循环设置 LedPin［i］为输出
digitalWrite(LedPin[i], LOW);     //循环设置 LedPin［i］为低电平，熄灭 LED
}
void loop()
{
  unsigned char i;
   for(i = 0; i <3; i++)
   {
    digitalWrite(LedPin[i], HIGH);    //点亮 LEDi
```

```
    delay(500);    // 等待 500ms
  }
  for(i = 0; i <3; i++)
  {
    digitalWrite(LedPin[i], LOW);    // 熄灭 LEDi
    delay(500);                      //等待 500ms
  }
}
```

 技能训练

一、训练目标

(1) 学会使用数组。
(2) 学会应用数组控制三只 LED 流水指示灯。

二、训练步骤与内容

(1) 建立一个项目。
1) 在 E 盘，新建一个文件夹 C04。
2) 启动 Arduino 软件。
3) 选择执行"文件"菜单下"New"新建一个项目命令，自动创建一个新项目。
4)"文件"菜单下"另存为"命令，打开另存为对话框，选择另存的文件夹 C03，在文件名栏输入"KeyRGB"，单击"保存"按钮，保存 KeyRGB 项目文件。
(2) 输入程序。在 KeyRGB 项目文件编辑区输入使用数组控制三只 LED 流水灯程序，单击工具栏"💾"保存按钮，保存项目文件。
(3) 下载调试程序。
1) 在 WeMos D1 R1 控制板 D5、D6、D7 引脚分别连接带限流电阻 RGB 三色 LED 指示灯阳极，共阴极端接地。
2) 编译程序。
3) 单击工具栏的下载工具按钮图标，将程序下载到启动 WeMos D1 R1 控制板。
4) 下载完成，在软件调试提示区，观看下载结果，观察 WeMos D1 R1 控制板连接的指示灯的状态变化。

任务 8 PWM 输出控制

💡 基础知识

一、WeMos D1 R1 控制板的 PWM 控制

1. 数字输入输出接口
WeMos D1 R1 控制板有 11 个数字 I/O 口，其中一些带有特殊功能。除 D2 外，所有 I/O 口都支持中断、PWM、I²C 和 1-wire。所有 I/O 口的工作电压为 3.3V，可瞬间承受 5V。

2. 模拟输入接口

1 路模拟输入：A0 具有 10 位的分辨率（即输入有 1024 个不同值），默认输入信号范围为 0 ~ 3.3V。

3. Arduino 模拟量输出控制

Arduino 模拟量输出控制是通过 anologWrite（）函数来实现的，该函数并不是输出真正意义上的模拟值，而是以一种脉宽调制 PWM（puls width modulation）方式来达到输出模拟量的效果。

当使用 anologWrite（）函数时，指定引脚通过高低电平的不断转换来输出周期固定（约 490Hz）的方波，通过改变高低电平的占空比（在每个周期所占的比例），而达到近似输出不同电压的目的，脉宽调制 PWM 模拟输出见图 3-4。

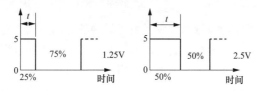

图 3-4　脉宽调制 PWM 模拟输出

需要注意的是，通过 PWM 得到的是近似模拟值输出的效果，要输出实际的模拟电压值，还需要在输出端加平滑滤波电路。

语法：anologWrite（pin，val）

参数：pin 表示要输出 PWM 的引脚；val 是脉冲宽度；WeMos D1 控制板的范围是 0 ~ 1023。

大多数 Arduino 控制板的 PWM 输出引脚标记有 "～"。不同型号的 Arduino 对应不同位置和数量的 PWM 引脚，Arduino UNO 的引脚是 3、5、6、9、10、11。Arduino Mega2560 的引脚是 2 ~ 13，提供 8 位 PWM 输出，一般常用引脚 2 ~ 13，引脚 0、1 留作串口通信用。

WeMos D1 控制板，除 D2 外，所有 I/O 都支持 PWM。

4. 模拟输出控制 LED 灯

（1）模拟输出控制要求。WeMos D1 控制板的 D6 输出连接 LED 灯，通过 PWM 输出控制 LED。

（2）控制程序。

```
int ledPin = 12;      // LED 连接在引脚 D6
void setup()
{
   //不进行任何处理
}
void loop()
{
   //从暗到亮，以每次亮度值加 16 的形式逐渐亮起：
   for(int ledValue = 0 ; ledValue <= 1024; ledValue += 16)
   {
       analogWrite(ledPin, ledValue);// 电平增加，输出 PWM
       delay(50);// 等待 50ms，以便观察渐变的效果
   }
```

```
//从亮到暗,以每次亮度值减16的形式逐渐暗下来:
for(int ledValue = 1023 ; ledValue >= 0; ledValue -= 16)
{
    analogWrite(ledPin, ledValue);//电平降低,输出PWM
  delay(50);// 等待50ms,以便观察渐变的效果
}
    delay(500);// 等待500ms
}
```

二、中断控制

1. 中断

对于单片机来讲,在程序的执行过程中,由于某种外界的原因,必须终止当行的程序而去执行相行相应的处理程序,待处理结束后再回来继续执行被终止的程序,这个过程叫中断。对于单片机来说,突发的事情实在太多了。例如,用户通过按键给单片机输入数据时,这对单片机本身来说是无法估计的事情,这些外部来的突发信号一般就由单片机的外部中断来处理。外部中断其实就是一个由引脚的状态改变所引发的中断。

2. 采用中断的优点

(1) 实时控制。利用中断技术,各服务对象和功能模块可以根据需要,随时向CPU发出中断申请,并使CPU为其工作,以满足实时处理和控制需要。

(2) 分时操作。提高CPU的效率,只有当服务对象或功能部件向单片机发出中断请求时,单片机才会转去为它服务。这样,利用中断功能,多个服务对象和部件就可以同时工作,从而提高了CPU的效率。

(3) 故障处理。单片机系统在运行过程中突然发生硬件故障、运算错误及程序故障等,可以通过中断系统及时向CPU发出请求中断,进而CPU转到响应的故障处理程序进行处理。

3. 中断源和外部中断编号

(1) 中断源。中断源是指能够向单片机发出中断请求信号的部件和设备。中断源又可以分为外部中断和内部中断。

单片机内部的定时器、串行接口、TWI、ADC等功能模块都可以工作在中断模式下,在特定的条件下产生中断请求,这些位于单片机内部的中断源称为内部中断。外部设备也可以通过外部中断入口向CPU发出中断请求,这类中断称为外部中断源。

(2) 外部中断编号。不同的Arduino控制器,外部中断引脚的位置也不同,只有中断信号发生在带有外部中断的引脚上,Arduino才能捕获到该中断信号并做出响应。表3-9列出了Arduino常用型号控制板的中断引脚所对应的外部中断编号。

表3-9　　　　　　　　　　外 部 中 断 编 号

Arduino 型号	int0	int1	int2	int3	int4	int5
UNO	2	3	—	—	—	—
MEGA2560	2	3	21	20	19	18
Wemos D1	除 D2 外,所有引脚均可产生外部中断					

注　int0、int1 等是外部中断编号。

(3) 中断模式。外部中断可以定义为由中断引脚上的下降沿、上升沿、任意逻辑电平变化

和低电平触发，外部设备触发外部中断的输入信号类型，通过设置中断模式，即设置中断触发方式。Arduino 控制器支持的四种中断触发方式见表 3-10。

表 3-10　　　　　　　　　　　　　　　中 断 触 发 方 式

触发模式名称	触发方式
LOW（低电平）	低电平触发
CHANGE（电平变化）	电平变化触发，即低电平变高电平或高电平变低电平时触发
RISING（上升沿）	上升沿触发，即低电平变高电平
FALLING（下降沿）	下降沿触发，即高电平变低电平

4. 中断函数

中断函数是响应中断后的处理函数，当中断被触发后，就让 Arduino 控制器执行该中断函数。中断函数不带任何参数，且返回类型为空，例如：

```
void add()
{
n+=1;
}
```

当中断被触发后，Arduino 控制器执行该函数中的程序语句。

在使用中断时，还需要在初始化 setup（）中使用 attachInterrupt（）函数对中断引脚进行初始化配置，以开启 Arduino 控制器的中断功能。

不使用中断时，可以用中断分离函数 detachInterrupt（），关闭中断功能。

（1）中断配置函数：attachInterrupt（interrupt，function，mode）；

参数：

interrupt 为中断号，注意，中断号并不是 Arduino 控制器的引脚号。

function 为中断函数名，当中断被触发后，立即执行此函数名称所代表的中断函数。

mode 为中断模式。

例如：attachInterrupt（0，add1，FALLING）；

如果使用 Arduino Mega2560 控制器，则该语句即会开启 2 号引脚 int0 中断，并设定使用下降沿触发该中断。当 2 号引脚的电平由高电平变为低电平时，触发该中断，Arduino Mega2560 控制器执行名称为 add1（）函数中的程序语句。

基于 ESP8266 的 NodeMcu 的数字 I/O 的中断功能是通过 attachInterrupt、detachInterrupt 函数支持的。除了 D0/GPIO16，中断可以绑定到任意 GPIO 的引脚上（D0 ~ D10）。所支持的标准中断类型有：CHANGE（改变沿，电平从低到高或者从高到低）、RISING（上升沿，电平从低到高）、FALLING（下降沿，电平从高到低）。

例如 D3 中断设置：attachInterrupt（digitalPinToInterrupt（D3），InterruptFunc，FALLING）；

设置获取 D3 对应的中断号、响应函数为 InterruptFunc、触发方式为下降沿触发。

（2）获取指定引脚的中断号函数：digitalPinToInterrupt（pin）；

其中，pin 为要获取中断号的 GPIO 引脚；返回值为中断号；

引脚对应的中断号如下：D1 对应 5；D2 对应 4；D4 对应 2；D5 对应 14；D6 对应 12；D7 对应 13；D8 对应 15。

（3）中断分离函数：detachInterrupt（interrupt）；

参数：interrupt 为中断号。

三、用中断控制 LED 灯

1. 控制要求

使用 D3 中断下降沿控制 LED 灯。

2. 控制程序

```
#define LED_PIN 14
int LED_state = LOW; //LED 初始状态为低电平 0
void setup()
{
  pinMode(LED_PIN, OUTPUT);              //定义 LED_PIN 为输出
  attachInterrupt(digitalPinToInterrupt(D3),InterruptFunc, FALLING);  //设置
中断号、响应函数、触发方式
}
//主循环函数
void loop()
{
  digitalWrite(LED_PIN, LED_state);     //将 LED_state 状态写入 LED_PIN
  delay(500);
}
//中断响应函数
void InterruptFunc()
{
LED_state = ! LED_state;     //状态翻转
}
```

在初始化函数中，设定驱动 LED 灯的 14 号引脚为输出，设置获取 D3 对应的中断号、响应函数 InterruptFunc、触发方式为下降沿触发。

中断发生时，LED_state 状态翻转。

主循环函数，根据 LED 灯状态变量的值，确定 14 号引脚输出的状态。LED_state =1 时，通过 digitalWrite（）函数置位 LED_PIN；LED_state=0 时，通过 digitalWrite（）函数复位 LED_PIN。

 技能训练

一、训练目标

（1）了解模拟量输出概念。

（2）学会使用 PWM 输出控制函数控制 LED。

二、训练步骤与内容

（1）建立一个项目。

1）在 E 盘，新建一个文件夹 C05。

2）启动 Arduino 软件。

3）选择执行"文件"菜单下"New"新建一个项目命令，自动创建一个新项目。

4）"文件"菜单下"另存为"命令，打开另存为对话框，选择另存的文件夹 C05，在文

件名栏输入"C005",单击"保存"按钮,保存 C005 项目文件。

(2)输入程序。在 C005 项目文件编辑区输入模拟输出控制 LED 灯程序,单击工具栏"■"保存按钮,保存项目文件。

(3)下载调试程序。

1)在 WeMos D1 R1 控制板 D6 引脚分别连接带限流电阻 LED 指示灯。

2)编译程序。

3)单击工具栏的下载工具按钮图标,将程序上传到 WeMos D1 R1 控制板。

4)上传完成,观察 LED 指示灯亮度的变化。

任务 9　SPI 移位输出控制

 基础知识

一、数码管显示控制

1. 集成电路 74HC595

74HC595 是硅结构的 COMS 器件,兼容低电压 TTL 电路,遵守 JEDEC 标准。74HC595 是具有 8 位移位寄存器和一个存储器,三态输出功能。移位寄存器和存储寄存器的时钟是分开的。数据在 SHCP(移位寄存器时钟输入)的上升沿输入到移位寄存器中,在 STCP(存储器时钟输入)的上升沿输入到存储寄存器中去。如果两个时钟连在一起,则移位寄存器总是比存储器早一个脉冲。移位寄存器有一个串行移位输入端(DS)和一个串行输出端(SQh),还有一个异步低电平复位,存储寄存器有一个并行 8 位且具备三态的总线输出,当使能 OE 时(为低电平),存储寄存器的数据输出到总线。

(1)74HC595 管脚说明如表 3-11 所示。

表 3-11　　　　　　　　　　　　　　74HC595 管脚说明表

引脚号	符号(名称)	端口描述
15、1~7	Qa~Qh	8 位并行数据输出口
8	GND	电源地
16	VCC	电源正极
9	SQh	串行数据输出
10	MR	主复位(低电平有效)
11	SHCP	移位寄存器时钟输入
12	STCP	存储寄存器时钟输入
13	OE	输出使能端(低电平有效)
14	SER	串行数据输入

(2)74HC595 真值表如表 3-12 所示。

表 3-12　　　　　　　　　　　　　　74HC595 真值表

STCP	SHCP	MR	OE	功能描述
*	*	*	H	Qa~Qh 输出为三态
*	*	L	L	清空移位寄存器
*	↑	H	L	移位寄存器锁定数据
↑	*	H	L	存储寄存器并行输出

（3）74HC595 内部结构图见图3-5。

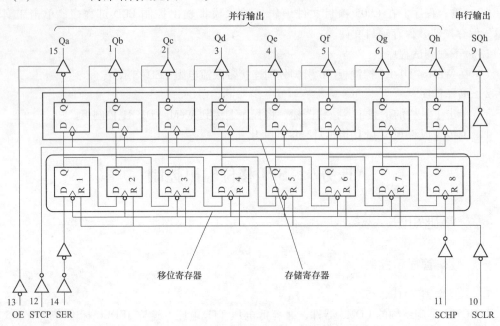

图 3-5　74HC595 内部结构图

（4）74HC595 操作时序图见图3-6。结合74HC595 内部结构，首先数据的高位从 SER（14脚）管脚进入，伴随的是 SHCP（11 脚）一个上升沿，这样数据就移入移位寄存器，接着送数据第 2 位，请注意，此时数据的高位也受到上升沿的冲击，从第 1 个移位寄存器的 Q 端到达了第 2 个移位寄存器的 D 端，而数据第 2 位就被锁存在了第一个移位寄存器中，依此类推，8 位数据就锁存在了 8 个移位寄存器中。

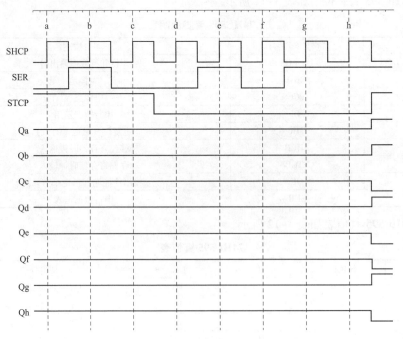

图 3-6　74HC595 操作时序图

由于8个移位寄存器的输出端分别和后面的8个存储寄存器相连，则此时的8位数据也会在后面8个存储器上，接着在STCP（12脚）上出现一个上升沿，这样存储寄存器的8位数据就一次性并行输出了，从而达到了串行输入、并行输出的效果。

先分析SHCP，它的作用是产生时钟，在时钟的上升沿将数据一位一位地移进移位寄存器。可以用程序"SHCP = 0；SHCP = 1"来产生，循环8次，即8个上升沿、8个下降沿。接着看SER，它是串行数据，由上可知，时钟的上升沿有效，那么串行数据为0b0100 1011，即a～h虚线所对应的SER此处的值；之后就是STCP了，它是8位数据并行输出脉冲，也是上升沿有效，因而在它的上升沿之前，Qa～Qh的值是多少，读者并不清楚，所以作者就画成了一个高低不确定的值。

STCP的上升沿产生之后，从SER输入的8位数据会并行输出到8条总线上，但这里一定要注意对应关系，Qh对应串行数据的最高位（对应数据为"0"），之后依次对应关系为Qg（数值"1"）、…、Qa（数值"1"）。再来对比时序图中的Qh…Qa，数值为0b0100 1011，这个数值刚好是串行输入的数据。

当然还可以利用此芯片来级联，就是一片接一片，这样3个I/O口就可以扩展24个I/O口，由数据手册可知此芯片的移位频率是30MHz，因而可以满足一般的设计需求。

2. 控制 LED 数码管电路（见图3-7）

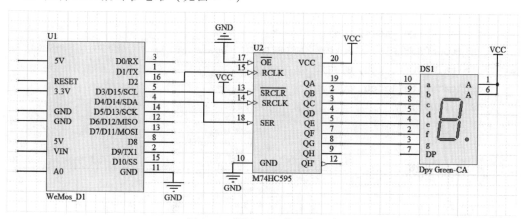

图3-7 控制 LED 数码管电路

二、LED 数码管控制程序

1. 位移输出函数 shiftOut（ ）

位移输出函数 shiftOut（ ）的功能是将一个数据的一个字节一位一位的移出。

语法：shiftOut（dataPin，clockPin，bitOrder，value）；

参数：

dataPin：输出每一位数据的引脚（int）。

clockPin：时钟脚，当 dataPin 有值时此引脚电平变化（int）。

bitOrder：输出位的顺序，MSBFISRT 最高位优先或 LSBFISRT 最低位优先。

Value：要移位输出的数据（byte）。

返回值：无。

2. 74HC595 控制数码管程序

```
int latch = D2;
int clockPin = D3;
```

```
int dataPin = D4;
//定义段码数组
const unsigned char DuanMa[10] ={
  0x3f, 0x06, 0x5b, 0x4f, 0x66, 0x6d, 0x7d, 0x07, 0x7f, 0x6f};
//初始化程序
void setup()
{
  pinMode(latch, OUTPUT);
  pinMode(dataPin, OUTPUT);
  pinMode(clockPin, OUTPUT);
}
//主循环程序
void loop()
{
//循环显示0~9十个数字
  for(int n = 0; n < 10; n++)
  {
    digitalWrite(latch, HIGH);
    digitalWrite(latch, LOW);
    shiftOut(dataPin, clockPin, MSBFIRST, ~DuanMa[n]);
    digitalWrite(latch, HIGH);
    digitalWrite(latch, LOW);
    delay(500);
  }
}
```

技能训练

一、训练目标

（1）了解数码管的结构。
（2）学会数码管控制。

二、训练步骤与内容

（1）建立一个工程。
1）在 E 盘 ESP8266 文件夹，新建一个文件夹 C06。
2）启动 Arduino 软件。
3）选择执行"文件"菜单下"New"新建一个项目命令，自动创建一个新项目。
4）"文件"菜单下"另存为"命令，打开另存为对话框，选择另存的文件夹 C06，打开文件夹 C06，在文件名栏输入"Seg1"，单击"保存"按钮，保存 Seg1 项目文件。
（2）编写程序文件。在 Seg1 项目文件编辑区输入"74HC595 控制数码管"程序，单击工具栏"💾"保存按钮，保存项目文件。
（3）编译程序。
1）单击"项目"菜单下的"验证/编译"子菜单命令，或单击工具栏的验证/编译按钮，

Arduino 软件首先验证程序是否有误，若无误，程序自动开始编译程序。

2）等待编译完成，在软件调试提示区，观看编译结果。

（4）调试。

1）按图 3-7 控制 LED 数码管电路，连接实训电路。

2）下载调试程序：单击工具栏的下载按钮图标，将程序下载到 WeMos D1 控制板；下载完成，在软件调试提示区，观看下载结果，观察 WeMos D1 控制板连接的数码管的状态变化；修改数码管延时参数，重新编译下载程序，观察 WeMos D1 控制板连接的数码管的状态变化。

习题3

1. 使用 for 循环控制 LED 灯闪烁 6 次，延时 3s 后，进入 loop 循环。下载到 WeMos D1 R1 控制板，观察实验效果。

2. 修改按键中断控制 LED 程序，下载到 WeMos D1 R1 控制板，观察实验效果。

3. 将控制 LED2 控制程序的端口改为 WeMos D1 R1 控制板的数字端口 D5、D6、D7，重新修改程序，下载到 WeMos D1 R1 控制板，观察实验效果。

4. 设计使用数组和 74HC595 循环控制 8 只 LED 灯的程序。下载到 WeMos D1 R1 控制板，观察实验效果。

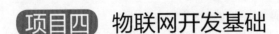

项目四 物联网开发基础

学习目标

（1）了解物联网。
（2）了解物联网接入点。
（3）学会使用 ESP 开发板建立 AP。

任务 10 物联网 Wi-Fi 接入点 AP

基础知识

一、物联网基础知识

1. 物联网

物联网（Internet of Things，IOT）是指通过传感器、射频识别技术、全球定位系统、红外感应器、激光扫描器等各种装置与技术，实时采集任何需要监控、连接、互动的物体或过程，采集其声、光、热、电、力学、化学、生物、位置等各种需要的信息，通过各类可能的网络接入，实现物与物、物与人的泛在连接，实现对物品和过程的智能化感知、识别和管理。物联网是一个基于互联网、传统电信网等的信息载体，它让所有能够被独立寻址的普通物理对象形成互联互通的网络。

物联网是互联网基础上的延伸和扩展的网络，是将各种信息传感设备与互联网结合起来而形成的一个大网络，可以在任何时间、地点实现人、机器、物的互联互通。物联网就是万物互联的网络。

物联网的作用在于，当设备接入互联网后，可以将数据上报到物联网平台，也可以接收物联网平台的指令。

共享单车就是一个物联网应用的实例。其实质是一个典型的"物联网+互联网"应用。应用的一边是实物单车，另一边是用户，通过云端的控制，向用户提供单车租赁服务。

2. 物联网特征

从物联网的基本特征程来看，通信对象和物与物、人与物之间的信息交互是物联网的核心。物联网的基本特征可概括为整体感知、可靠传输和智能处理。

整体感知：可以利用射频识别、二维码、智能传感器等感知设备感知获取物体的各类信息。

可靠传输：通过对互联网、无线网络的融合，将物体的信息实时、准确地传送，以便进行信息交流、分享。

智能处理：使用各种智能技术，对感知和传送到的数据、信息进行分析处理，实现监测与控制的智能化。

根据物联网的以上特征，结合信息科学的观点，围绕信息的流动过程，可以归纳出物联网处理信息的功能：

（1）获取信息的功能。主要是信息的感知、识别。信息的感知是指对事物属性状态及其变化方式的知觉和敏感；信息的识别指能把所感受到的事物状态用一定方式表示出来。

（2）传送信息的功能。主要是信息发送、传输、接收等环节，最后把获取的事物状态信息及其变化的方式从时间（或空间）上的一点传送到另一点的任务，这就是常说的通信过程。

（3）处理信息的功能。是指信息的加工过程，利用已有的信息或感知的信息产生新的信息，实际是制定决策的过程。

（4）应用信息的功能。指信息最终应用的过程，有很多的表现形式，比较重要的是通过调节对象事物的状态及其变换方式，始终使对象处于被应用的状态。

3. Wi-Fi 简介

Wi-Fi（wireless fidelity）是指无线保真，是一种无线联网技术。以前通过网线连接计算机，而 Wi-Fi 则是通过无线电波来联网。常见的就是一个无线路由器，那么在这个无线路由器的电波覆盖的有效范围都可以采用 Wi-Fi 连接方式进行联网，如果无线路由器连接了一条有线网络或者别的上网线路，则又被称为热点。

无线网络上网可以简单地理解为 Wi-Fi 上网，几乎所有智能手机、平板电脑和笔记本电脑都支持 Wi-Fi 上网，是当今使用最广的一种无线网络传输技术。实际上就是把有线网络信号转换成无线信号，使用无线路由器供支持其技术的相关计算机、手机、平板计算机等接收。手机如果有 Wi-Fi 功能的话，在有 Wi-Fi 无线信号的时候就可以不通过运营商的网络上网，省掉了流量费。

虽然由 Wi-Fi 技术传输的无线通信质量不是很好，数据安全性能比蓝牙差一些，传输质量也有待改进，但传输速度非常快，符合个人和社会信息化的需求。Wi-Fi 最主要的优势在于不需要布线，可以不受布线条件的限制，因此非常适合移动办公用户的需要，并且由于发射信号功率低于 100mW，低于手机发射功率，所以 Wi-Fi 上网也是相对最安全健康的。

Wi-Fi 信号也可以由有线网提供，比如家里的有线网络、小区宽带等，只要接一个无线路由器，就可以把有线信号转换成 Wi-Fi 信号。

无线 AP 网络见图 4-1。

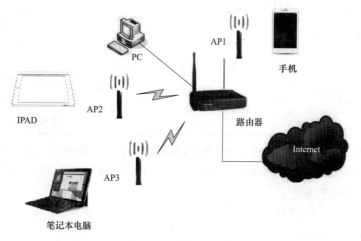

图 4-1 无线 AP 网络

AP 是 access point 的简称，一般译为"无线访问接入点"或"桥接器"。它主要在媒体存取控制层 MAC 中扮演无线工作站及有线局域网络的桥梁。有了 AP，就像有线网络的 Hub 一样，无线工作站可以快速且轻易地与网络相连。基于 AP 组建的无线网络称为基础网，是由 AP 创建及众多站点 STA 加入所组成的无线网络。网络中的通信通过 AP 转发信息。

在实际应用环境中，通过 Wi-Fi 模块提供无线接入服务，主动向外界发送网络收发信号，以便使外部终端可以搜索到外设 AP 并请求连接，此时的 AP 充当一个路由器的功能。我们还可以通过 Wi-Fi 模块嵌入到一些硬件设备上，使设备充当服务器，响应客户终端发送的指令，接收客户传输的数据。

AP 是无线接入点，是一个无线网络的创建者，是网络的中心节点。一般家庭或办公室使用的无线路由器就是一个 AP。

二、软 AP

1. Wi-Fi 模块 ESP8266

ESP8266 芯片是一款串口转无线模块芯片，内部自带固件，用户操作简单，无须编写时序信号等。

Wi-Fi 功能模块 ESP8266，可以通过它的驱动程序提供与 AP 一样的信号转接、路由功能，我们称它为软 AP（Soft-AP），在基本功能上，与传统 AP 相似，但其成本相对较低。

当 ESP8266 Wi-Fi 功能模块工作于 AP 模式时，它就成为网络的一个接入点，手机或其他的智能设备就可以连接到该 AP，它就充当一个路由器的功能，使手机或其他智能设备具有网络操作功能。

2. ESP8266 Wi-Fi 类库及成员函数（见表 4-1）

表 4-1　　　　　　　　　　　　ESP8266 Wi-Fi 类库及成员函数

Wi-Fi 连接	Web 服务器	客户端 Client
WiFiClass 对象	WiFiServer 对象	WiFiClient
WiFiClass. begin（）	WiFiServer. begin（）	WiFiClient. connect（）
WiFiClass. config（）	WiFiServer. available（）	WiFiClient. available（）
WiFiClass. setDNS（）	WiFiServer. stop（）	WiFiClient. read（）
WiFiClass. disconnect（）		WiFiClient. print（）
WiFiClass. localIP（）		WiFiClient. println（）
WiFiClass. status（）		WiFiClient. localIP（）
WiFiClass. SSID（）		WiFiClient. remoteIP（）
		WiFiClient. stop（）

（1）WiFiClass 对象。在程序设计中，WiFiClass 常用于定义 WiFiClass 对象实例，通常定义为 WiFi。WiFiClass 对象继承了 WiFiSTAClass、WiFiAPClass、WiFiScanClass 等对象。

（2）WiFi 函数说明如下：

WiFi. begin（ssid，passWord）函数，通常以 STA 模式连接到 Wi-Fi 路由器。

WiFi. localIP（）函数，返回连接 Wi-Fi 的 IP 地址。

WiFi. status（）函数，返回 Wi-Fi 连接的状态。

WiFi. softAP（ssid，passWord）函数，创建一个 softAP，并设定 ssid 和密码。

WiFi. disconnect（）函数，关闭 Wi-Fi 连接。

WiFi. softAPgetStationNum（）函数，获取连接 softAP 的数量。

3. ESP8266 Wi-Fi 模块的 AP 程序

创建 AP1 的程序清单：

```
/*创建一个 Wi-Fi 接入点并在其上提供 Web 服务 */
#include <ESP8266WiFi.h>   //包含头文件 ESP8266Wi-Fi. h
#include <WiFiClient.h>     //包含头文件 WiFiClient. h
#include <ESP8266WebServer.h>  //包含头文件 ESP8266WebServer. h
/*设置 AP 的名称和密码 */
const char * ssid = "ESPAP";
const char * password = "thereisap";
int   staNum=0;//保存 AP 连接的数量
ESP8266WebServer AP1(80);
/*在网络浏览器中输入 http://192.168.4.1，连接到此 AP 访问点，即可查看的网页测试信息 */
void Message1() {
  AP1. send(200, "text/html", "<h1>You are connected to wifi</h1>");
}
void setup() {
  Serial. begin(115200);//设置串口波特率
  delay(1000); //延时 100ms
  Serial. println();//打印一空行
  Serial. print("Configuring access point...");//打印 Configuring access point...
  Serial. println();//打印一空行
  WiFi. softAP(ssid, password);//如果要开放 AP，就不必设置密码，将 password 设置为空。
  IPAddress myIP = WiFi. softAPIP();//读取 softAP 的 IP 地址
  Serial. print("AP IP address: "); //打印字符串 "AP IP address："
  Serial. println(myIP);            //换行打印 softAP 的 IP
  AP1. on("/", Message1 );  //调用 ON 方法，显示 AP1 网页的信息
  AP1. begin();            //启动 Web 服务
  Serial. println("AP1 server started");  //串口回显  AP1 server started
}
void loop() {
  int currentN = WiFi. softAPgetStationNum();//连接 softAP 的数量
if(currentN! =staNum){
staNum=currentN;
Serial. printf("Number connect to softAP :% d\n",staNum );//格式打印输出
}
AP1. handleClient();  //循环等待处理客户的连接
}
```

⚙ 技能训练

一、训练目标

（1）了解物联网基础知识。

（2）了解无线接入点 AP。

（3）学会用 WeMos D1 开发板创建 Soft-AP。

二、训练步骤与内容

（1）建立一个工程。

1）在 E 盘 ESP8266 文件夹，新建一个文件夹 AP1。

2）启动 Arduino 软件。

3）选择执行"文件"菜单下"New"新建一个项目命令，自动创建一个新项目。

4）选择执行"文件"菜单下"另存为"命令，打开另存为对话框，选择另存的文件夹 AP1，打开文件夹 AP1，在文件名栏输入"AP001"，单击"保存"按钮，保存 AP001 项目文件。

（2）编写程序文件。在 AP001 项目文件编辑区输入"创建 AP1"程序，单击执行文件菜单下"保存"菜单命令，保存项目文件。

（3）编译、下载、调试程序。

1）使用 USB 连接电缆，连接开发板与计算机。

2）单击执行 arduino IDE 开发环境"项目"主菜单下的"验证/编译"子菜单命令，或单击工具栏的验证/编译按钮，Arduino 软件首先验证程序是否有误，若无误，程序自动开始编译程序。

3）等待编译完成，在软件调试提示区，观看编译结果。

4）单击"工具"主菜单下的"开发板"右侧的选项设置，将开发板设置为"WeMos D1 R1"。

5）单击"工具"主菜单下的"端口"子菜单命令，选择开发板连接的串口"COM3"。

6）单击工具栏的下载按钮，将程序下载到 WeMos D1 开发板。

7）下载完成，单击 Arduino IDE 开发环境右上角的串口监视器按钮，可以看到 WeMos D1 开发板上的 ESP8266 芯片模块的工作模式设置为 AP 模式。API 项目串口显示信息见图 4-2，AP1 的 IP 地址是 192.168.4.1，并提供了一个简单的 http 网页服务。

图 4-2　AP1 项目串口显示信息

8）利用手机寻找 AP 热点 ESPAP，输入密码，连接 ESPAP，串口监视器显示"Number connect to softAP：1"。

9）利用另一个手机寻找 AP 热点 ESPAP，输入密码，连接 ESPAP，串口监视器显示"Number connect to softAP：2"。

10）单击测试笔记本电脑状态栏的网络连接，发现新热点 ESPAP，见图 4-3。

图 4-3　发现新热点 ESPAP

11）单击 ESPAP 的"连接"按钮，输入程序设置的密码"thereisap"，单击确定按钮，连接热点 AP1，与这个 AP1 建立通信链路。

12）在浏览器地址栏输入 AP 的 IP 地址"192.168.4.1"，AP1 返回信息见图 4-4，说明 AP1 工作正常。

图 4-4　AP1 返回信息

任务 11　物联网站点 STA

 基础知识

一、STA 基础知识

1. STA 站点

站点（station，STA）在无线局域网（wireless local area networks，WLAN）中一般为客户

端，可以是装有无线网卡的计算机，也可以是有 Wi-Fi 模块的智能手机，可以是移动的，也可以是固定的。

每一个连接到无线网络中的终端（如笔记本计算机、IPAD 等可以联网的用户设备）都可称为一个站点，STA 站点网络见图 4-5。

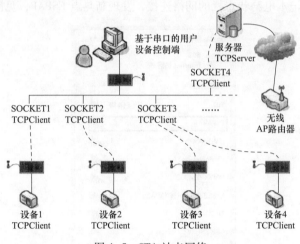

图 4-5　STA 站点网络

与 AP 工作模式对应的是 STA 站点工作模式，类似于无线终端，STA 不接受无线的接入，但可以连接到 AP。

在无线环境中 STA 接入的过程包括：认证 STA 有没有权限和接入点 AP；建立链路；STA 能不能接入 WLAN；以及 STA 接入 WLAN 网络之后，认证 STA 能不能访问网络的权限。

在 STA 和 AP 建立链路的过程中，当 STA 通过信标（Beacon）帧或探测响应（Proberesponse）帧扫描到可接入的服务器标识符（ServiceSetIdentifier，SSID）后，会根据已接收到的 Beacon 帧或 Proberesponse 帧的信号强度指示（ReceivedSignalStrengthIndication，RSSI）来选择合适的 SSID 进行接入。

2. 与 STA 相关的几个术语

（1）AP（access point）。无线接入点，你可以把 AP 当作一个无线路由器，这个路由器的特点是不能插入网线，没有接入 Internet，只能等待其他设备的链接，并且智能接入一个设备。

（2）STA（station）。任何一个接入无线 AP 的设备都可以称为一个站点 STA，也就是平时接入路由器的设备。

（3）SSID（service set identifier）。每个无线 AP 都应该有一个标示用于用户识别，SSID 就是这个用于用户识别的名字，也就是 Wi-Fi 的名字。

（4）BSSID。每一个网络设备都有其用于识别的物理地址，即 MAC 地址，这个 MAC 地址一般情况下在出厂时会有一个默认值，可更改，也有其固定的命名格式，也是设备识别的标识符。这个 BSSID 是针对设备说的，对于 STA 的设备来说，拿到 AP 接入点的 MAC 地址就是这个 BSSID。

（5）ESSID。ESSID 是一个比较抽象的概念，它实际上和 SSID 相同，本质也是一串字符，如果有好几个无线路由器都叫这个名字，那么就相当于把这个 SSID 扩大了，所以这几个无线路由器共同的这个名字就叫 ESSID。

如果在一台路由器上释放的 Wi-Fi 信号叫某个名字，如 "China_CMN"，这个名字 "China

_CMN" 就称为 SSID；如果在好几个路由器上都释放了这个 Wi-Fi 信号，那么这几个路由器都称为 "China_CMN"，此时 "China_CMN" 这个名字就是 ESSID。

例如，一家公司的办公面积比较大，安装了若干台无线接入点 AP 或者无线路由器，公司员工只需要知道一个 SSID 就可以在公司范围内任意地方接入无线网络。BSSID 其实就是每个无线接入点的 MAC 地址。当员工在公司内部移动的时候，SSID 是不变的。但 BSSID 随着你切换到不同的无线接入点，是在不停变化的。

使用连锁店概念来理解，BSSID 就是具体的某个连锁店编号（001）或地址，SSID 就是连锁店的名字或者照片，ESSID 就是连锁店的总公司或者招牌、品牌。一般 SSID 和 ESSID 都是相同的。

（6）RSSI。RSSI 是通过 STA 扫描到 AP 站点的信号强度。

3. Wi-Fi 模块的工作模式

Wi-Fi 模块内置无线网络协议 IEEE 802.11 协议栈以及 TCP/IP 协议栈，实现用户串口或 TTL 电平信息与无线网络之间的转换。

（1）AP 模式：提供无线接入服务，是无线网络的创建者，允许其他无线设备接入，是网络的中心节点，如无线路由器是一个 AP，AP 与 AP 之间可以互联。AP 模式下，手机、计算机等设备直接连上模块，方便对用户设备进行控制。ESP8266 模块在 AP 模式下，实现手机或计算机直接与模块通信，实现局域网无线控制。

（2）STA 模式：每一个连接到无线网络中的终端都是一个站点，如手机、计算机等联网设备都是一个 STA。无线网卡处于该模式。ESP8266 模块通过路由器连接互联网，手机或计算机通过互联网实现对设备的远程控制。

（3）Wi-Fi 共存模式。Wi-Fi 模块通常支持几种工作模式，但也可以支持两种模式并存，即 AP MODE & STATION MODE。这两个网络接口，都是在驱动中虚拟出来的，共享同一个物理硬件。

1）STA+STA；

2）STA+AP；

3）STA+P2P（point to point，点对点）；

4）AP+P2P。

AP 模式常应用于无线局域网成员设备（即客户端）的加入，即网络下行。它提供以无线方式组建无线局域网 WLAN，相当于 WLAN 的中心设备。

STATION 模式，即工作站模式，也可以理解为某个网格中的一个工作站即客户端。当一个 Wi-Fi 芯片提供这个功能时，它就可以连到另外的一个网络当中，如家用路由器就是这种，AP 模式提供给手机设备等连接，提供上网功能。实际能提供上网功能的就是 STATION 模式，作为 INTERNET 的一个工作站，所以 STATION 模式通常用于提供网络的数据上行服务。

STA+AP 模式：两种模式的共存模式，STA 模式可以通过路由器连接到互联网，并通过互联网控制设备；AP 模式可作为 Wi-Fi 热点，其他 Wi-Fi 设备连接到模块。这样实现局域网和广域网的无缝切换，方便操作。

（4）Wi-Fi 模块两种拓扑类型：基础网（Infra）和自组网（Adhoc）。

1）基础网：由 AP 创建，多个 STA 加入而组成的无线网络。AP 是网络的中心，所有通信由 AP 转发。

2）自组网：由 2 个及以上的 STA 组成，网络中所有 STA 可通信。

二、STA 控制

1. ESP8266 模块的工作模式

（1）ESP8266 有三种工作模式可以选择：

AP 模式：ESP8266Wi-Fi 模块就是一个接入点，类似于路由器，手机或其他智能设备可以连接到它并访问它。

STA 模式：ESP8266Wi-Fi 模块作为一个站点接入到路由器，与网路连接。

AP+STA 模式：ESP8266Wi-Fi 模块作为接入点，可被其他智能设备访问，同时作为站点，接入 Wi-Fi 路由器。

ESP8266 模块与模块之间可进行 P2P 点对点的通信，P2P 通信见图 4-6。

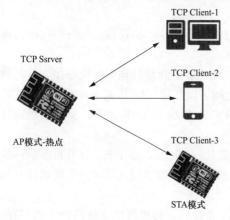

图 4-6　P2P 通信

（2）Wi-Fi 通信的三个过程。

1）建立 Wi-Fi 连接。

2）首先一个模块配置为 AP 模式，开启 Wi-Fi 热点（可以设置 Wi-Fi 名称、密码和加密方式）。

3）然后另一个模块配置为 STA 模式，连接到上面的热点（要是手机、带有无线网卡的计算机直接连接到上面的热点）。

4）建立 TCP Server 与 TCP Client 的连接。

5）首先 AP 模式的模块配置为 TCP Server（可以设置 IP 和端口，默认 IP 是 192.168.4.1）。

6）然后 STA 模块配置为 TCP Client（建立 Wi-Fi 连接之后会被自动分配一个 IP 和端口，默认 IP 是 192.168.4.2）。

7）如果是手机或 PC 端，使用网络调试助手，选择 TCP Client。

8）建立连接，TCP Client 连接到 TCP Server（TCP Client 连接到服务器的 IP）。

9）进行数据传输。

10）数据传输有透传模式和非透传模式。

11）建立透传模式，TCP Client 发什么，TCP Server 就收到什么，且不退出透传，这种连接就不会中断。

12）建立非透传模式，首先 TCP Client 约定好发送的字节，再发送出去，而且隔一段时间不发送，第 2 步建立的连接就中断了，若要再次传输数据就要重新建立连接进行数据传输。

2. STA 工作模式程序

```
#include <ESP8266WiFi.h>
#include <ESP8266WebServer.h>
#include <ESP8266SSDP.h>
const char* ssid = "601";            //连接 AP 的 SSID
const char* password = "a1234567";       //连接 AP 使用的密码
void setup()
{
  Serial.begin(115200);
  delay(20);
  Serial.println();
```

```
    WiFi.disconnect();
    WiFi.mode(WIFI_STA);        //设置为 STA 工作模式
    Serial.println();
    Serial.println("Starting WiFi...");
    Serial.println(ssid);
    WiFi.begin(ssid, password);        //连接指定的 Wi-Fi 路由器
    if(WiFi.waitForConnectResult() == WL_CONNECTED)
    {   //如果连接成功
      Serial.println("WiFi Connected");   //换行打印 WiFi Connected
      Serial.println("IP address:");        //换行打印 IP address：
      Serial.println(WiFi.localIP());    //换行打印连接的 Wi-Fi 的 IP
    }
}
void loop()
{
    delay(100);
}
```

⚙ 技能训练

一、训练目标

（1）了解 Wi-Fi 模块的工作模式。

（2）学会用 WeMos D1 开发板作 STA 站点，并使 ESP8266 工作于 STA 模式。

二、训练步骤与内容

（1）建立一个工程。

1）在 E 盘 ESP8266 文件夹，新建一个文件夹 STA1。

2）启动 Arduino 软件。

3）选择执行"文件"菜单下"New"新建一个项目命令，自动创建一个新项目。

4）选择执行"文件"菜单下"另存为"命令，打开另存为对话框，选择另存的文件夹 STA1，打开文件夹 STA1，在文件名栏输入"STA001"，单击"保存"按钮，保存 STA001 项目文件。

（2）编写程序文件。在 STA001 项目文件编辑区输入 STA 工作模式程序，单击执行文件菜单下"保存"菜单命令，保存项目文件。

（3）编译、下载、调试程序。

1）使用 USB 连接电缆，连接开发板与计算机。

2）单击执行 Arduino IDE 开发环境"项目"主菜单下的"验证/编译"子菜单命令，或单击工具栏的验证/编译按钮，Arduino 软件首先验证程序是否有误，若无误，程序自动开始编译程序。

3）等待编译完成，在软件调试提示区，观看编译结果。

4）单击工具栏的下载按钮，将程序下载到 WeMos D1 开发板。

5）下载完成，单击 Arduino IDE 开发环境右上角的串口监视器按钮，可以看到 WeMos D1 开发板上的 ESP8266 芯片模块的工作模式设置为 STA 模式。STA001 项目串口显示信息，见

图 4-7,STA 的 IP 地址是 192.168.3.22，IP 地址是连接的 Wi-Fi 路由器动态提供的。

图 4-7　STA001 项目串口显示信息

任务 12　AP+STA 共存模式

 基础知识

一、AP+STA 工作原理

ESP8266 Wi-Fi 模块除了 AP 工作模式和 STA 工作模式之外，还有 STA+STA、AP+STA、STA+P2P、AP+P2P 等多种共存模式等。

AP+STA 共存模式的工作原理是：当 ESP8266 Wi-Fi 模块作为 AP 时，同时又可以作为一个 STA 模式存在。例如，ESP8266 Wi-Fi 模块作为 AP，可以让用户手机或计算机接入，同时，ESP8266 Wi-Fi 模块又可以作为一个 STA 站点接入到路由器或上位机服务器进行数据上传。

ESP8266 Wi-Fi 模块在作为 AP 模式和 STA 模式工作时使用的 MAC 地址是不同的，ESP8266 Wi-Fi 模块在出厂时就有两个 MAC 地址。

需要了解的是，ESP8266 Wi-Fi 模块的 AP+STA 共存工作模式的功能与传统的路由中继功能也不同，其自身不具备路由功能，需要在应用层开发相应的程序做数据转发。

二、AP+STA 共存模式控制程序

1. TCP/IP 协议中的四个层次

（1）应用层：应用层是 TCP/IP 协议的第一层，是直接为应用进程提供服务的。

（2）运输层：作为 TCP/IP 协议的第二层，运输层在整个 TCP/IP 协议中起到了中流砥柱的作用。且在运输层中，TCP 和 UDP 也同样起到了中流砥柱的作用。

（3）网络层：网络层在 TCP/IP 协议中位于第三层。在 TCP/IP 协议中网络层可以进行网络连接的建立和终止，以及 IP 地址的寻找等。

（4）网络接口层：在 TCP/IP 协议中，网络接口层位于第四层。由于网络接口层兼并了物理层和数据链路层，所以网络接口层既是传输数据的物理媒介，也可以为网络层提供一条准确无误的线路。

2. 网络层协议

（1）IP 协议。网络层引入了 IP 协议，制定了一套新地址，使得我们能够区分两台主机是否同属一个网络，这套地址就是网络地址，也就是所谓的 IP 地址。IP 协议将这个 32 位的地址分为两部分，前半部分代表网络地址，后半部分表示该主机在局域网中的地址。如果两个 IP 地址在同一个子网内，则网络地址一定相同。为了判断 IP 地址中的网络地址，IP 协议还引入了子网掩码，IP 地址和子网掩码通过按位与运算后就可以得到网络地址。

（2）ARP 协议。即地址解析协议，是根据 IP 地址获取 MAC 地址的一个网络层协议。其工作原理如下：ARP 首先会发起一个请求数据包，数据包的首部包含了目标主机的 IP 地址，然后这个数据包会在链路层进行再次包装，生成以太网数据包，最终由以太网广播给子网内的所有主机，每一台主机都会接收到这个数据包，并取出包头里的 IP 地址，然后和自己的 IP 地址进行比较，如果相同就返回自己的 MAC 地址，如果不同就丢弃该数据包。ARP 接收返回消息，以此确定目标机的 MAC 地址；与此同时，ARP 还会将返回的 MAC 地址与对应的 IP 地址存入本机 ARP 缓存中并保留一定时间，下次请求时直接查询 ARP 缓存以节约资源。

（3）路由协议。首先通过 IP 协议来判断两台主机是否在同一个子网中，如果在同一个子网，就通过 ARP 协议查询对应的 MAC 地址，然后以广播的形式向该子网内的主机发送数据包；如果不在同一个子网，以太网会将该数据包转发给本子网的网关进行路由。网关是互联网上子网与子网之间的桥梁，所以网关会进行多次转发，最终将该数据包转发到目标 IP 所在的子网中，然后再通过 ARP 获取目标机 MAC，最终也是通过广播形式将数据包发送给接收方。而完成这个路由协议的物理设备就是路由器，路由器扮演着交通枢纽的角色，它会根据信道情况，选择并设定路由，以最佳路径来转发数据包。

所以，网络层的主要工作是定义网络地址、区分网段、子网内 MAC 寻址、对不同子网的数据包进行路由。

（4）传输层。链路层定义了主机的身份，即 MAC 地址，而网络层定义了 IP 地址，明确了主机所在的网段，有了这两个地址，数据包就可以从一个主机发送到另一个主机。但实际上数据包是从一个主机的某个应用程序发出，然后由对方主机的应用程序接收。而每台计算机都有可能同时运行着很多个应用程序，所以当数据包被发送到主机上以后，无法确定哪个应用程序要接收这个包。因此，传输层引入了 UDP 协议来解决这个问题，以便给每个应用程序标识身份。

（5）UDP 协议。UDP 协议定义了端口，同一个主机上的每个应用程序都需要指定唯一的端口号，并且规定网络中传输的数据包必须加上端口信息，当数据包到达主机以后，就可以根据端口号找到对应的应用程序了。UDP 协议比较简单，实现容易，但它没有确认机制，数据包一旦发出，无法知道对方是否收到，因此可靠性较差，为了解决这个问题，提高网络可靠性，TCP 协议就诞生了。

（6）TCP 协议。TCP 即传输控制协议，是一种面向连接的、可靠的、基于字节流的通信协议。简单来说，TCP 就是有确认机制的 UDP 协议，每发出一个数据包都要求确认，如果有一个数据包丢失，就收不到确认，发送方就必须重发这个数据包。为了保证传输的可靠性，TCP 协议在 UDP 基础之上建立了三次对话的确认机制，即在正式收发数据前，必须和对方建立可靠的连接。TCP 数据包和 UDP 一样，都是由首部和数据两部分组成，唯一不同的是，TCP 数据包没有长度限制，理论上可以无限长，但是为了保证网络的效率，通常 TCP 数据包的长度不会超过 IP 数据包的长度，以确保单个 TCP 数据包不必再分割。

传输层的主要工作是定义端口，标识应用程序身份，实现端口到端口的通信，TCP 协议可以保证数据传输的可靠性。

3. Wi-Fi 函数

WiFiClass. config（）函数，设置 Wi-Fi 网络参数。

IPAddress apIp（）函数，用于配置各类 IP 地址。

Udp. read（）函数，UDP 读数据。

Udp. beginPacket（）函数，启动上位机服务器数据包处理。

Udp. write（）函数，UDP 写数据。

Udp. endPacket（）函数，UDP 结束数据包处理，结束读写数据。

4. AP+STA 共存模式程序

```
#include <ESP8266WiFi. h>
#include <WiFiClient. h>
#include <WiFiServer. h>
#include <WiFiUdp. h>
const char* ssid = "601";//连接到远程 AP
const char* password = "12345678"; //远程 AP 的密码
const char* ssid1 = "AP1";//建立新 AP1
const char* password1 = "ab123456"; //新 AP1 的密码
WiFiUDP Udp;
IPAddress sip(192, 168, 3, 20); //本地 STA
IPAddress sip1(192, 168, 3, 1); //本地网关
IPAddress sip2(255, 255, 255, 0); //本地子网掩码
IPAddress Serverip(192, 168, 3, 22); //上位机远程 IP
IPAddress xip(192, 168, 4, 26); //远程 APIP
IPAddress mxip(192, 168, 4, 1); //远程 AP1
IPAddress mxip1(192, 168, 4, 1); //远程 AP 网关
IPAddress mxip2(255, 255, 255, 0); //远程子网掩码
unsigned int localPort = 6666;  //本地端口
unsigned int remotePort = 6666;  //远程端口
char PacketBuffer[255];  //收发缓存
void setup()
{
  Serial. begin(115200);//初始化串口波特率
  Serial. println();
  Serial. print("APSTA1");
  Serial. println();
```

```
delay(2000);//延时2000ms
WiFi.disconnect();//禁止网络连接
WiFi.mode(WIFI_AP_STA); //设置模式为AP+STA
WiFi.softAPConfig(mxip, mxip1, mxip2);//设置AP网络参数
WiFi.softAP(ssid1, password1, 1);//设置AP1账号密码
WiFi.begin(ssid, password);//指定连接路由器
WiFi.config(sip, sip1, sip2);//设置本地网络参数
Serial.print("Connecting to routing,please wait! ");//串口打印Connecting to routing，please wait!
while(WiFi.status() ! = WL_CONNECTED) //等待路由连接
{
  delay(500);
  Serial.print(".");
}
Serial.println(" ");//换行打印空行
Udp.begin(localPort);//建立UDP服务器，监听指定端口
Serial.printf("Now listening at IP % s,UDP port % d\n", WiFi.localIP().toString().c_str(), localPort);
Serial.print(" STAip:");
Serial.println(WiFi.localIP()); //换行打印AP0IP
Serial.print("AP1ip:");
Serial.println(WiFi.softAPIP());//换行打印AP1IP
}
void loop()
{
  if(Udp.parsePacket()) //如果Udp数据包处理函数不为零
  {
    Udp.read(PacketBuffer, 255); //读数据
    Udp.beginPacket(Serverip, remotePort); //启动上位机服务器数据包处理
    Udp.write(PacketBuffer, 255); //写数据
    Udp.endPacket(); //结束读写数据
    Serial.println(PacketBuffer); //串口换行回显缓存数据
    Udp.beginPacket(xip, remotePort); //启动下位机数据包处理
    Udp.write(PacketBuffer, 255);//写数据
    Udp.endPacket(); //结束写数据
    memset(PacketBuffer, 0, 255); //清空缓冲器数据
  }
}
```

技能训练

一、训练目标

（1）了解Wi-Fi模块的工作模式。

（2）学会使 WeMos D1 开发板的 ESP8266 工作于 AP+STA 模式。

二、训练步骤与内容

（1）建立一个工程。

1）在 E 盘 ESP8266 文件夹，新建一个文件夹 APSTA1。

2）启动 Arduino 软件。

3）选择执行"文件"菜单下"New"新建一个项目命令，自动创建一个新项目。

4）选择执行"文件"菜单下"另存为"命令，打开另存为对话框，选择另存的文件夹 APSTA1，打开文件夹 APSTA1，在文件名栏输入"APSTA001"，单击"保存"按钮，保存 AP-STA001 项目文件。

（2）编写程序文件。在 APSTA001 项目文件编辑区输入 AP+STA 共存模式程序，单击执行文件菜单下"保存"菜单命令，保存项目文件。

（3）编译、下载、调试程序。

1）使用 USB 连接电缆，连接开发板与计算机。

2）单击执行 Arduino IDE 开发环境"项目"主菜单下的"验证/编译"子菜单命令，或单击工具栏的验证/编译按钮，Arduino 软件首先验证程序是否有误，若无误，程序自动开始编译程序。

图 4-8　APSTA001 项目串口显示信息

3）等待编译完成，在软件调试提示区，观看编译结果。如果发现错误，根据提示修改程序错误，再重新编译。

4）单击工具栏的下载按钮，将程序下载到 WeMos D1 开发板。

5）下载完成，单击 Arduino IDE 开发环境右上角的串口监视器按钮，我们可以看到 WeMos D1 开发板上的 ESP8266 芯片模块的工作模式设置为 AP+STA 模式。APSTA001 项目串口显示信息，见图 4-8，STA 的 IP 地址是 192. 168. 3. 20，IP 地址是连接的 Wi-Fi 路由器动态提供的。AP1 的 IP 地址是 192. 168. 4. 1。

任务 13　扫描 Wi-Fi

 基础知识

一、寻找 Wi-Fi 热点

一般来说，在使用 Wi-Fi 时，会发现有很多热点，这是因为无线网络给我们提供了非常多的 Wi-Fi 热点，它们大部分开放了 SSID 广播，通过无线网络扫描软件，它能帮你快速扫描你所在区域所有能搜索到的无线网络并显示相关的无线网络信息，信息内容包括 SSID、MAC 地址、PHY 类型、RSSI、信号质量、频率、最大速率、路由器型号等。

ScanWi-Fi 的功能就是通过扫描，找到所有附近 Wi-Fi 热点的 SSID 标识信息。这样，Wi-Fi 用户就可以根据需要选择不同的 SSID 连接对应的无线网络。

ESP8266Wi-Fi 模块扫描 Wi-Fi 的方法包括被动扫描和主动扫描两种。

被动扫描 passive scan：将 ESP8266 设置为 passive scan，ESP8266 将处于被动扫描状态，通过监听每个信道上 AP 定时发出的 beacon 帧，从而扫描到 AP 的详细信息。

主动扫描 active scan：将 ESP8266 设置为 active scan，ESP8266 将处于主动扫描状态，通过在每个信道发送 probe request 帧来发送请求，从而发现 AP。如果 AP 同意其发现自己，则发送 probe respond 帧来回复 ESP8266。

二、SCAN Wi-Fi 程序

SCAN Wi-Fi 程序清单：

```
/*本程序演示如何扫描 Wi-Fi 网络。*/
#include "ESP8266WiFi.h"
void setup() {
  Serial.begin(115200);    //初始化串口波特率
  WiFi.mode(WIFI_STA);     // 将 WiFi 设置为站点模式
  WiFi.disconnect();  //断开 AP 连接
  delay(100);    //延时 100ms
  Serial.println("Setup done");   //换行打印 Setup done
}
void loop() {
  Serial.println("scan start");   //换行打印 scan start
  int n = WiFi.scanNetworks();    //WiFi.scanNetworks 将返回发现与 AP 断开连接的网
络的数量
  Serial.println("scan done");   //换行打印 scan done
  if(n == 0)                            //如果 n=0
    Serial.println("no networks found");   //换行打印 no networks found
  else                              //否则
  {
    Serial.print(n);                      //串口打印 n
    Serial.println(" networks found");   //换行打印 networks found
    for(int i = 0; i < n; ++i)
    {
      //为找到的每个网络打印 SSID 和 RSSI
      Serial.print(i + 1);
      Serial.print(": ");
      Serial.print(WiFi.SSID(i));
      Serial.print(" (");
      Serial.print(WiFi.RSSI(i));
      Serial.print(")");
      Serial.println((WiFi.encryptionType(i) == ENC_TYPE_NONE)?" ":" * ");
```

```
    delay (10);
  }
 }
 Serial.println("");  //换行打印一空行
 delay(5000);  // 延时 5000ms，再重新扫描
}
```

　　首先在初始化程序中，进行串口波特率的设置，将 Wi-Fi 模块工作模式设置为站点模式，然后断开网络连接，再延时 100ms，完成程序的初始化。

　　在循环程序中，首先换行打印 scan start 开始扫描，调用 WiFi. scanNetworks 方法，进行网络扫描，将返回发现与 AP 断开连接的网络的数量。扫描结束，换行打印 scan done。

　　如果没有扫描到 Wi-Fi 热点，换行打印 no networks found。如果扫描到多个 Wi-Fi 热点，就为找到的每个网络打印 SSID 和 RSSI（Received Signal Strength Indicator 接收信号的强度指示）。打印完成，换行打印一空行，延时 5000ms，再重新扫描。

 技能训练

一、训练目标

（1）了解 Scan Wi-Fi 扫描 Wi-Fi 的概念及方法。
（2）学会使用 WeMos D1 开发板的 ESP8266 进行 Scan Wi-Fi。

二、训练步骤与内容

（1）建立一个工程。
1）在 E 盘 ESP8266 文件夹，新建一个文件夹 WiFiscan。
2）启动 Arduino 软件。
3）选择执行"文件"菜单下"New"新建一个项目命令，自动创建一个新项目。
4）选择执行"文件"菜单下"另存为"命令，打开另存为对话框，选择另存的文件夹 WiFiscan1，打开文件夹 WiFiscan1，在文件名栏输入"WiFiscan001"，单击"保存"按钮，保存 WiFiscan001 项目文件。
（2）编写程序文件。在 WiFiscan001 项目文件编辑区输入 SCAN WiFi 程序，单击执行文件菜单下"保存"菜单命令，保存项目文件。
（3）编译、下载、调试程序。
1）使用 USB 连接电缆，连接开发板与计算机。
2）单击执行 Arduino IDE 开发环境"项目"主菜单下的"验证/编译"子菜单命令，或单击工具栏的验证/编译按钮，Arduino 软件首先验证程序是否有误，若无误，程序自动开始编译程序。
3）等待编译完成，在软件调试提示区，观看编译结果。如果发现错误，根据提示修改程序错误，再重新编译。
4）单击工具栏的下载按钮，将程序下载到 WeMos D1 开发板。
5）下载完成，单击 Arduino IDE 开发环境右上角的串口监视器按钮，我们可以看到扫描 Wi-Fi 热点的结果，循环扫描 Wi-Fi 热点结果，见图 4-9。

图 4-9 循环扫描 Wi-Fi 热点结果

任务 14 智能连接技术

 基础知识

一、Smartconfig 智能配置

Smartconfig 直译过来就是智能配置，也可理解为智能组态连接，它是一种 Wi-Fi 快速连接到网络的技术。Smartconfig 使 Wi-Fi 模块本身不具备可视输入的状况下实现访问特定 SSID 以及通过安全密码校验的过程，它通过第三方设备来配置 Wi-Fi 模块的连接信息，达到加入 Wi-Fi 网络的目的。它可以省去直接将 Wi-Fi 账号和密码写入无线设备中的过程，通过手机将无线设备连接到网络中去。Smartconfig 是智能配置无线连接的统称，ESP8266 还支持 Airkiss 方式将设备连接到网络。Airkiss 是微信支持 Smartconfig 的具体实现的一种技术。

举个实例，我们买了一个电子密码锁 A，想让电子密码锁 A 连接到我们自己的 Wi-Fi 上。首先需要从官网上下载相应的 App 到手机，启动电子密码锁 A 的手机 App 连接我们自家的网络。电子密码锁 A 等待手机 App 发送网络名称和密码，而这些信息就是通过广播的形式发送在无线网中，然后电子密码锁 A 就可以启动配置了。

1. Smartconfig 的工作流程

（1）电子密码锁 A 接通电源。

（2）电子密码锁 A 厂商提供的手机 App 启动。

（3）在电子密码锁 A 附近打开 App，选择用户家的 Wi-Fi，输入其密码，点击确认，稍等一下，电子密码锁 A 自动接入用户家的 Wi-Fi。

（4）启动电子密码锁 A 的开门密码设置等配置。

2. Smartconfig 智能配置原理

智能设备进入初始化状态，处于混杂模式下，监听网络中的所有报文，手机端 App 将

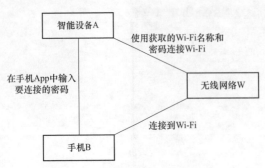

图 4-10 Smartconfig 智能配置原理

Wi-Fi名和密码编码到 UDP 报文中，通过广播包或者组播包发送，智能设备接收到 UDP 报文后解码，得到 Wi-Fi 名称和密码，然后主动连接到指定的 Wi-Fi AP 路由器上。

Smartconfig 智能配置原理见图 4-10。

二、ESP8266 的智能配置

1. ESP8266 的 Smartconfig

ESP8266Wi-Fi 模块在实现 Smartconfig 的过程中，先将 ESP8266Wi-Fi 模块置于站点 STA 模式或 AP+STA 模式，然后手机 App 将 SSID 与密码编码发送到 UDP 的报文中，通过广播包或者组播包进行发送。ESP8266Wi-Fi 模块接收到 UDP 的报文后进行解码，得到正确的 SSID 与密码，然后进行设备联网，从而达到 ESP8266Wi-Fi 实现联网的目的。

2. ESP8266 智能配置程序

智能配置程序清单：

```
#include <ESP8266WiFi.h>
void setup() {
Serial.begin(115200);
delay(10);
//采用 AP 与 Station 模式
WiFi.mode(WIFI_AP_STA);
delay (500);
//等待配网
WiFi.beginSmartConfig();
//收到配网信息后 ESP8266 将自动连接, WiFi.status 状态就会返回: 已连接
while(WiFi.status() ! = WL_CONNECTED) {
delay (500);
Serial.print (".");
//完成连接, 退出配网等待
Serial.println(WiFi.smartConfigDone());
}
Serial.println("");
Serial.println("WiFi connected");
Serial.println("IP address: ");
Serial.println(WiFi.localIP());
}
void loop() {
delay(1000);
}
```

初始化程序，首先初始化串口波特率，稍微延时，设置 ESP8266Wi-Fi 模块工作模式为站点 STA 或 AP+STA 共存模式，延时 500ms，调用 WiFi.beginSmartConfig () 函数，开始智能配置操作，等待手机端发出的用户名与密码。

手机端填写当前网络的密码，单击连接，Wi-Fi 热点的 SSID 和密码自动发送，ESP8266

Wi-Fi 模块自动接收并收存。

若没有收到配网信息，串口不断打印"."。

收到配网信息后，ESP8266 将自动连接，退出配网等待，WiFi. status 状态就会返回：已连接。

完成连接，串口打印 WiFi connected，Wi-Fi 已经连接。打印 Wi-Fi 热点的 IP 地址。

 技能训练

一、训练目标

（1）了解 Smartconfig 智能配置工作原理。

（2）学会 ESP8266Wi-Fi 模块的 Smartconfig 智能配置。

二、训练步骤与内容

（1）建立一个工程。

1）在 E 盘 ESP8266 文件夹，新建一个文件夹 SmartC1。

2）启动 Arduino 软件。

3）选择执行"文件"菜单下"New"新建一个项目命令，自动创建一个新项目。

4）选择执行"文件"菜单下"另存为"命令，打开另存为对话框，选择另存的文件夹 SmartC1，打开文件夹 SmartC1，在文件名栏输入"SmartC001"，单击"保存"按钮，保存 SmartC001 项目文件。

（2）编写程序文件。在 SmartC001 项目文件编辑区输入智能配置程序，单击执行文件菜单下"保存"菜单命令，保存项目文件。

（3）编译、下载、调试程序。

1）使用 USB 连接电缆，连接开发板与计算机。

2）单击执行 Arduino IDE 开发环境"项目"主菜单下的"验证/编译"子菜单命令，或单击工具栏的验证/编译按钮，Arduino 软件首先验证程序是否有误，若无误，程序自动开始编译程序。

3）等待编译完成，在软件调试提示区，观看编译结果。如果发现错误，根据提示修改程序错误，再重新编译。

4）单击工具栏的下载按钮，将程序下载到 WeMos D1 开发板。

5）下载完成，单击 Arduino IDE 开发环境右上角的串口监视器按钮，我们可以监视 ESP8266Wi-Fi 模块智能配置过程。

（4）手机设置。在把 ESP8266Wi-Fi 模块设置为 Smartconfig 之后，需要第三方配置工具进行实际地配置 SSID 和密码信息，以便 ESP8266Wi-Fi 模块可以正确连入所需的 Wi-Fi 网络，可以使用手机输入网络联网的 SSID 和密码信息，避免一般 Wi-Fi 智能模块没有直接输入界面的问题。

1）手机连接 Wi-Fi 热点。

2）扫描安信可微信公众号，关注安信可科技。安信可微信公众号二维码见图 4-11。

3）点击安信可微信公众号右下角的微信配置，弹出 Wi-Fi 配置界面，见图 4-12。

图 4-11　安信可微信公众号二维码

4）单击开始配置按钮，弹出"配置设备上网"界面，见图 4-13，Wi-Fi 热点的 SSID 自动显示。

图 4-12　Wi-Fi 配置界面

图 4-13　配置设备上网

5）输入 Wi-Fi 热点的密码，单击连接按钮，手机自动将 SSID 和密码传递给 ESP8266 Wi-Fi模块，稍等一下，ESP8266Wi-Fi 模块自动完成联网配置。

6）手机端显示"配置成功"，单击确定按钮，退出微信配置。

习题4

1. AP 是什么？如何使用物联网开发板创建一个 AP？
2. STA 站点工作模式的特点？如何使用物联网开发板创建一个 STA？
3. Wi-Fi 兼容模式有哪几种？分别具有哪些特点？
4. 如何扫描 Wi-Fi 热点？

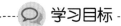

项目五 串口通信与控制

（1）学会使用 RS-232 串口。

（2）学会用串口控制 LED 灯。

任务 15　串口通信与控制

基础知识

一、串口通信

串行接口（serial interface）简称串口，串口通信是指数据一位一位地按顺序传送，实现两个串口设备的通信。其特点是通信线路简单，只要一对传输线就可以实现双向通信，从而降低了成本，特别适用于远距离通信，但传送速度较慢。

1. 通信的基本方式

（1）并行通信。数据的每位同时在多根数据线上发送或者接收，其通信示意图如图 5-1 所示。

并行通信的特点：各数据位同时传送，传送速度快，效率高，有多少数据位就需要多少根数据线，传送成本高。在集成电路芯片的内部，同一插件板上各部件之间，同一机箱内部插件之间等的数据传送是并行的，并行数据传送的距离通常小于 30m。

（2）串行通信。数据的每一位在同一根数据线上按顺序逐位发送或者接收，其通信示意图如图 5-2 所示。

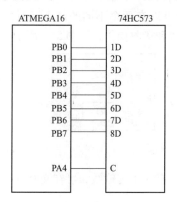

图 5-1　并行通信方式示意图

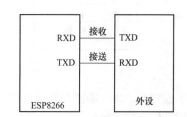

图 5-2　串行通信方式示意图

串行通信的特点：数据传输按位顺序进行，只需两根传输线即可完成，成本低，速度慢。

计算机与远程终端、远程终端与远程终端之间的数据传输通常都是串行的。与并行通信相比，串行通信还有以下较为显著的特点：

1）传输距离较长，可以从几米到几千米。

2）串行通信的通信时钟频率较易提高。

3）串行通信的抗干扰能力十分强，其信号间的互相干扰完全可以忽略。

但是串行通信传送速度比并行通信慢得多。

正是基于以上各个特点的综合考虑，串行通信在数据采集和控制系统中得到了广泛的应用，产品种类也是多种多样的。

2. 串行通信的工作模式

通过单线传输信息是串行数据通信的基础。数据通常是在两个站（点对点）之间进行传输，按照数据流的方向可分为三种传输模式（制式）。

（1）单工模式。单工模式的数据传输是单向的。通信双方中，一方为发送端，另一方则固定为接收端。信息只能沿一个方向传输，使用一根数据线，如图5-3所示。

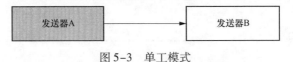

图5-3　单工模式

单工模式一般用在只向一个方向传输数据的场合。例如，收音机只能接收发射塔给它的数据，但不能给发射塔发送数据。

（2）半双工模式。半双工模式是指通信双方都具有发送器和接收器，双方既可发射也可接收，但接收和发射不能同时进行，即发射时就不能接收，接收时就不能发送，如图5-4所示。

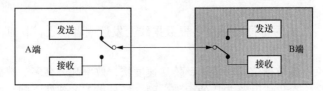

图5-4　半双工模式

半双工一般用在数据能在两个方向传输的场合。例如，对讲机就是很典型的半双工通信实例，读者有机会可以自己购买套件，之后焊接、调试，亲自体验一下半双工的魅力。

（3）全双工模式。全双工数据通信分别由两根可以在两个不同的站点同时发送和接收的传输线进行传输，通信双方都能在同一时刻进行发送和接收操作，如图5-5所示。

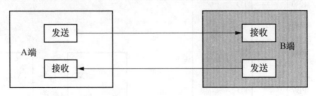

图5-5　全双工模式

在全双工模式下，每一端都有发送器和接收器，有两条传输线，可在交互式应用和远程监控系统中使用，信息传输效率较高，如手机。

3. 异步传输和同步传输

在串行传输中，数据是一位一位地按照到达的顺序依次进行传输的，每位数据的发送和接收都需要时钟来控制。发送端通过发送时钟确定数据位的开始和结束，接收端需在适当的时间间隔对数据流进行采样来正确地识别数据。接收端和发送端必须保持步调一致，否则就会在数据传输中出现差错。为了解决以上问题，串行传输可采用以下两种方式。

（1）异步传输。在异步传输方式中，字符是数据传输单位。在通信的数据流中，字符之间异步，字符内部各位间同步。异步通信方式的"异步"主要体现在字符与字符之间通信没有严格的定时要求。在异步传输中，字符可以是连续地、一个个地发送，也可以是不连续地、随机地单独发送。在一个字符格式的停止位之后，立即发送下一个字符的起始位，开始一个新的字符的传输，这叫作连续串行数据发送，即帧与帧之间是连续的。断续的串行数据传输是指在一帧结束之后维持数据线的"空闲"状态，新的起始位可在任何时刻开始。一旦传输开始，组成这个字符的各个数据位将被连续发送，并且每个数据位持续时间是相等的。接收端根据这个特点与数据发送端保持同步，从而正确地恢复数据。收发双方则以预先约定的传输速度，在时钟的作用下，传输这个字符中的每一位。

（2）同步传输。同步通信是一种连续传送数据的通信方式，一次通信传送多个字符数据，称为一帧信息。数据传输速率较高，通常可达56000bit/s或更高。其缺点是要求发送时钟和接收时钟保持严格同步。例如，可以在发送器和接收器之间提供一条独立的时钟线路，由线路的一端（发送器或者接收器）定期地在每个比特时间中向线路发送一个短脉冲信号，另一端则将这些有规律的脉冲作为时钟。这种方法在短距离传输时表现良好，但在长距离传输中，定时脉冲可能会和信息信号一样受到破坏，从而出现定时误差。另一种方法是通过采用嵌有时钟信息的数据编码位向接收端提供同步信息。同步传输格式见图5-6。

同步字符	数据字符1	数据字符2	...	数据字符n-1	数据字符n	校验字符	（校验字符）

图5-6 同步传输格式

4. 串口通信的格式

在异步通信中，数据通常以字符（char）或者字节（byte）为单位组成字符帧传送。既然要双方要以字符传输，一定要遵循一些规则，否则双方肯定不能正确传输数据；或者什么时候开始采样数据，什么时候结束数据采样，这些都必须事先预定好，即规定数据的通信协议。

（1）字符帧。由发送端一帧一帧地发送，通过传输线被接收设备一帧一帧地接收。发送端和接收端可以由各自的时钟来控制数据的发送和接收，这两个时钟源彼此独立。

（2）异步通信中，接收端靠字符帧格式判断发送端何时开始发送，何时结束发送。平时，发送先为逻辑1（高电平），每当接收端检测到传输线上发送过来的低电平逻辑0时，就知道发送端开始发送数据，每当接收端接收到字符帧中的停止位时，就知道一帧字符信息发送完毕。异步通信具体格式见图5-7。

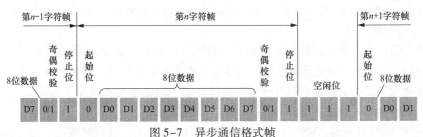

图5-7 异步通信格式帧

1）起始位。在没有数据传输时，通信线上处于逻辑"1"状态。当发送端要发送1个字符数据时，首先发送1个逻辑"0"信号，这个低电平便是帧格式的起始位。其作用是向接收端表达发送端开始发送一帧数据。接收端检测到这个低电平后，就准备接收数据。

2）数据位。在起始位之后，发送端发出（或接收端接收）的是数据位，数据的位数没有严格的限制，5~8位均可，由低位到高位逐位发送。

3）奇偶校验位。数据位发送完（接收完）之后，可发送一位用来验证数据在传送过程中是否出错的奇偶校验位。奇偶校验是收发双发预先约定的有限差错校验方法之一，有时也可不用奇偶校验。

4）停止位。字符帧格式的最后部分是停止位，逻辑"高"电平有效，它可占1/2位、1位或2位。停止位表示传送一帧信息的结束，也为发送下一帧信息做好准备。

5. 串行通信的校验

串行通信的目的不只是传送数据信息，更重要的是应确保数据准确无误地传送。因此必须考虑在通信过程中对数据差错进行校验，差错校验是保证准确无误通信的关键。常用的差错校验方法有奇偶校验、累加和校验、循环冗余码校验等。

（1）奇偶校验。奇偶校验的特点是按字符校验，即在发送每个字符数据之后都附加一位奇偶校验位（1或0），当设置为奇校验时，数据中1的个数与校验位1的个数之和应为奇数；反之则为偶校验。收发双方应具有一致的差错校验设置，当接收1帧字符时，对1的个数进行校验，若奇偶性（收、发双方）一致则说明传输正确。奇偶校验只能检测到那种影响奇偶位数的错误，比较低级且速度慢，一般只用在异步通信中。

（2）累加和校验。累加和校验是指发送方将所发送的数据块求和，并将"校验和"附加到数据块末尾。接收方接收数据时也是先对数据块求和，将所得结果与发送方的"校验和"进行比较，若两者相同，表示传送正确；若不同则表示传送出了差错。"校验和"的加法运算可用逻辑加，也可用算术加。累加和校验的缺点是无法校验出字节或位序的错误。

（3）循环冗余码校验（CRC）。循环冗余码校验的基本原理是将一个数据块看成一个位数很长的二进制数，然后用一个特定的数去除它，将余数作校验码附在数据块之后一起发送。接收端收到数据块和校验码后，进行同样的运算来校验传输是否出错。

6. 波特率

波特率是表示串行通信传输数据速率的物理参数，其定义为在单位时间内传输的二进制比特数，用位/秒表示，其单位量纲为 bit/s。例如，串行通信中的数据传输波特率为9600bit/s，意即每秒钟传输9600个比特，合计1200个字节，则传输一个比特所需要的时间为：

$1/9600\text{bit/s} = 0.000104\text{s} = 0.104\text{ms}$

传输一个字节的时间为：

$0.104\text{ms} \times 8 = 0.832\text{ms}$

在异步通信中，常见的波特率通常有1200、2400、4800、9600等，其单位都是 bit/s。高速的可以达到19200bit/s。异步通信中允许收发端的时钟（波特率）误差不超过5%。

7. 串行通信接口规范

由于串行通信方式能实现较远距离的数据传输，因此在远距离控制时或在工业控制现场时，通常使用串行通信方式来传输数据。由于在远距离数据传输时，普通的 TTL 或 CMOS 电平无法满足工业现场的抗干扰要求和各种电气性能要求，因此不能直接用于远距离的数据传输。国际电气工业协会 EIA 推进了 RS-232、RS-485 等接口标准。

（1）RS-232 接口规范。RS-232-C 是 1969 年 EIA 制定的在数据终端设兰的在数据终端设备（DTE）和数据通信设备（DCE）之间的二进制数据交换的串行接口，全称是 EIA-RS-232-C 协议，实际中常称 RS-232，也称 EIA-232，最初采用 DB-25 作为连接器，包含双通道，但是现在也有采用 DB-9 的单通道接口连接，RS-232C 串行端口定义见表 5-1。

表 5-1　　　　　　　　　　　　　RS-232C 串行端口定义

DB9	信号名称	数据方向	说明
2	RXD	输入	数据接收端
3	TXD	输出	数据发送端
5	GND	—	地
7	RTS	输出	请求发送
8	CTS	输入	清除发送
9	DSR	输入	数据设备就绪

在实际中，DB9 由于结构简单，仅需要 3 根线就可以完成全双工通信，所以在实际中应用广泛。RS-232 采用负逻辑电平，用负电压表示数字信号逻辑"1"，用正电平表示数字信号的逻辑"0"。规定逻辑"1"的电压范围为-15 ~ -5V，逻辑"0"的电压范围为+5 ~ +15V。RS-232-C 标准规定，驱动器允许有 2500pF 的电容负载，通信距离将受此电容限制，例如，采用150pF/m 的通信电缆时，最大通信距离为 15m；若每米电缆的电容量减小，通信距离可以增加。传输距离短的另一原因是 RS-232 属单端信号传送，存在共地噪声和不能抑制共模干扰等问题，因此一般用于 20m 以内的通信。

（2）RS-485 接口规范。RS-485 标准最初由 EIA 于 1983 年制定并发布，后由通信工业协会修订后命名为 TIA/EIA-485-A，在实际中习惯上称之为 RS-485。RS-485 是为弥补 RS-232的不足而提出的。为改进 RS-232 通信距离短、速率低的缺点，RS-485 定义了一种平衡通信接口，将传输速率提高到 10Mbit/s，传输距离延长到 1200m（速率低于 100kbit/s 时），并允许在一条平衡线上连接最多 10 个接收器。RS-485 是一种单机发送、多机接收的、单向、平衡传输规范，为扩展应用范围，随后又增加了多点、双向通信功能，即允许多个发送器连接到同一条总线上，同时增加了发送器的驱动能力和冲突保护特性，扩展了总线共模范围，其特点为：

1）差分平衡传输；

2）多点通信；

3）驱动器输出电压（带载）：$\geqslant |1.5V|$；

4）接收器输入门限：±200mV；

5）–7V ~ +12V 总线共模范围；

6）最大输入电流：1.0mA/-0.8mA（$12U_{in}$/$-7U_{in}$）；

7）最大总线负载：32 个单位负载（U_L）；

8）最大传输速率：10Mbit/s；

9）最大电缆长度：1200m。

RS-485 接口是采用平衡驱动器和差分接收器的组合，抗共模干能力更强，即抗噪声干扰性好。RS-485 的电气特性用传输线之间的电压差表示逻辑信号，逻辑"1"以两线间的电压差为+2 ~ +6V 表示；逻辑"0"以两线间的电压差为-6 ~ -2V 表示。

RS-232-C 接口在总线上只允许连接 1 个收发器，即一对一通信方式。而 RS-485 接口在总线上允许最多 128 个收发器存在，具备多站能力，基于 RS-485 接口，可以方便组建设备通信网络，实现组网传输和控制。

RS-485 接口具有良好的抗噪声干扰性，是远传输距离、多机通信的首选串行接口。RS-485接口使用简单，可以用于半双工网络（只需 2 条线），也可以用于全双工通信（需 4 条线）。RS-485 总线对于特定的传输线径，从发送端到接收端数据信号传输所允许的最大电缆长度是数据信号速率的函数，这个长度数据主要受信号失真及噪声等因素限制，所以实际中 RS-485 接口均采用屏蔽双绞线作为传输线。

RS-485 允许总线存在多主机负载，其仅仅是一个电气接口规范，只规定了平衡驱动器和接收器的物理层电特性，而对于保证数据可靠传输和通信的连接层、应用层等协议并没有定义，需要用户在实际使用中予以定义。Modbus、RTU 等是基于 RS-485 物理链路的常见的通信协议。

（3）串行通信接口电平转换。

1）TTL/CMOS 电平与 RS-232 电平转换。TTL/CMOS 电平采用的是 0～5V 的正逻辑，即 0V 表示逻辑 0，5V 表示逻辑 1；而 RS-232 采用的是负逻辑，逻辑 0 用+5～+15V 表示，逻辑 1 用-15～-5V 表示。在 TTL/CMOS 的中，如果使用 RS-232 串行口进行通信，必须进行电平转换。MAX232 是一种常见的 RS-232 电平转换芯片，单芯片解决全双工通信方案，单电源工作，外围仅需少数几个电容器即可。

2）TTL/CMOS 电平与 RS-485 电平转换。RS-485 电平是平衡差分传输的，而 TTL/CMOS 是单极性电平，需要经过电平转换才能进行信号传输。常见的 RS-485 电平转换芯片有 MAX485、MAX487 等。

二、开发板的串口

1. Arduino Mega2560 的串口引脚

Arduino Mega2560 的串口引脚位于串口 0-D0（RX）和 D1（TX）；串口 1-D19（RX）和 D18（TX）；串口 2-D17（RX）和 D16（TX）；串口 3-D15（RX）和 D14（TX）的 8 个引脚上。其中串口 0 与内部 ATmega8U2 USB-to-TTL 芯片相连，提供 TTL 电压水平的串口接收信号。

2. WeMos D1 的串口引脚

WeMos D1 的串口引脚位于串口 0-D0（RX）和 D1（TX）；串口 1-D9（TX1）。ESP8266 的串口通信与传统的 Arduino 设备完全一样。除了硬件 FIFO（128 字节用于 TX 和 RX）之外，硬件串口还有额外的 256 字节的 TX 和 RX 缓存。发送和接收全都由中断驱动。当 FIFO/缓存满时，write 函数会阻塞工程代码的执行，等待空闲空间。当 FIFO/缓存空时，read 函数也会阻塞工程代码的执行，等待串口数据进来。

WeMos D1 上有两组串口，即 Serial 和 Serial1。

Serial 使用 UART0，默认对应引脚是 GPIO1（TX）和 GPIO3（RX），在 Serial. begin 执行之后，调用 Serial. swap（），可以将串口重新映射到 GPIO15（TX）和 GPIO13（RX）。再次调用 Serial. swap（），重新映射回 GPIO1（TX）和 GPIO3（RX）。

Serial1 使用 URAT1，引脚是 GPIO2（TX1），仅仅发送数据。URAT1 不可以接收数据。要使用 Serial1，请调用 Serial1. begin（X）。

WeMos D1 开发板的 USB 口通过一个转换芯片与这两个串口引脚连接，该转换芯片通过 USB 接口在计算机上虚拟一个用于与 Arduino 通信的串口。

当用户使用 USB 线将 WeMos D1 控制板与计算机连接时，两者之间就建立了串口通信连接，WeMos D1 就可以与计算机传送数据了。

3. 串口函数

（1）串口通信初始化函数 Serial. begin（）。要使用 WeMos D1 的串口，需要首先使用串口通信初始化函数 Serial. begin（speed），其中参数 speed 用于设定串口通信的波特率，使 WeMos D1 的串口通信速率与计算机相同。

波特率表示每秒传送数据的比特数，它是衡量通信速率的参数。一般设定串口通信的波特率为 115200bit/s。WeMos D1 的串口可以设置的波特率有 300、600、1200、2400、4800、9600、14400、19200、28800、38400、57600 和 115200bit/s，数值越大，串口通信速率越高。

（2）串口输出函数。

1）基本输出函数 Serial. print（）。用于 Arduino 向计算机发送信息，一般格式为：

```
Serial.print (val)
Serial.print (val, format)
```

其中参数 val 是输出的数据，各种数据类型均可以。

format 表示输出的数据形式，包括 BIN（二进制）、DEC（十进制）、OCT（八进制）、HEX（十六进制）。或指定输出的浮点型数带有小数点的位数（默认是 2 位），如 Serial. print（2. 12342），输出"2. 12"。

2）Serial. printf（char ∗ format，……）格式输出函数。输出一个字符串，或者按指定格式和数据类型输出若干变量的值，其常用格式字符及转义字符见表 5-2。

表 5-2　　　　　　　　　**printf（）函数常用格式字符及转义字符表**

格式字符/转义字符	说明
%o	八进制输出
%d	十进制输出
%x	十六进制输出
%f	浮点数输出
%c	单个字符输出
%s	字符串输出
\n	换行
\r	回车
\t	Tab 符

3）带换行输出函数 Serial. println（）。用于 Arduino 向计算机发送信息，与基本输出不同的是，Serial. println（）在输出数据完成后，再输出一组回车换行符，语法如下：

```
Serial.println(val)
Serial.println(val,format)
```

其中参数 val 是输出的数据，各种数据类型均可以。

format 表示输出的数据形式，包括 BIN（二进制）、DEC（十进制）、OCT（八进制）、HEX（十六进制）。或指定输出的浮点型数带有小数点的位数（默认是 2 位），如 Serial. print（2. 12342），输出"2. 12"。

注意：Serial. println（）中 print 后的英文字符是 L 的小写，不是英文字符 I。若写错，Arduino IDE 软件会显示编译出错。

（3）串口输入函数 Serial. read（）。用于接收来自计算机的数据，每次调用 Serial. read（）串口输入函数语句，从计算机接收 1 个字节的数据。同时，从接收缓冲区移除 1 字节的数据。

语法：Serial. read（）。

参数：无。

返回值：进入串口缓冲区的第1个字节；如果没有可读数据，则返回-1。

（4）接收字节数函数 Serial. available（）。通常在使用串口输入函数 Serial. read（）时，需要配合 Serial. available（）函数一起使用。Serial. available（）函数的返回值是当前缓冲区接收数据字节数。

Serial. available（）函数配合 if 条件或 while 循环语句使用，先检测缓冲区是否有可读数据，如有数据，则读取；如果没数据，则跳过读取或等待读取。

例如：

```
if(Serial. available()>0)
```

或

```
while(Serial. available()>0)
```

4. 串口输出应用程序

对于 Arduino Mega2560，由于具有4个串口，上述串口函数在使用时，串口0直接使用上述函数，其他串口在使用时，添加对应的串口号，如串口1使用时，对应的函数时 Serial1. begin（）、Serial1. read（）、Serial1. print（）、Serial1. available（）等，其余类推。

对于 WeMos D1，由于具有2个串口，上述串口函数在使用时，串口0直接使用上述函数，其他串口在使用时，添加对应的串口号，如串口1使用时，对应的函数是 Serial1. begin（）、Serial1. read（）、Serial1. print（）、Serial1. available（）等，其余类推。

利用串口0输出的应用程序如下：

```
int count;
void setup()
{
   //初始化串口参数
   Serial. begin(9600);
}
void loop()
{
count=count+1;  //计数变量加1
Serial. print(count); //打印计数变量值
Serial. print(' :' );   //在计数值后，打印 ":" 号
Serial. println("hellow"); //打印输出 hellow 后，换行
delay(1000);//延时1s
}
```

5. 串口输入应用程序

```
//初始化函数
void setup()
{
   Serial. begin(115200);//设定串口通信比特率
}
//主循环函数
void loop()
```

```
{
if(Serial.available()>0)
  {
char val = Serial.read(); //读取输入信息
Serial.print(val);        //输出信息
  }
}
```

程序下载后，打开串口调试器，在串口调试器的右下角有两个下拉菜单，一个设置结束符，另一个设置波特率。可以选择设置"NL 和 CR"换行和回车，见图 5-8。

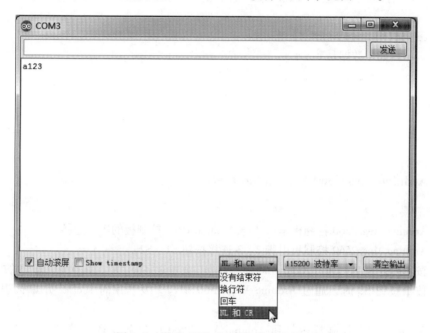

图 5-8　设置"NL 和 CR"换行和回车

三、串口通信控制 LED

1. 控制要求

通过串口发送数据，控制 LED，通过串口接收函数接收数据，当接收到数据为"a"时，点亮 LED；接收到数据"c"时，关闭 LED。

2. 串口通信控制 LED 程序

```
//初始化函数
void setup()
{
  Serial.begin(9600); //设定串口通信波特率
  pinMode(14, OUTPUT); //设置 14 号引脚为输出
}
//主循环函数
void loop()
{
```

```
if(Serial.available() > 0)
{ //检测缓冲区是否有数据
  char val = Serial.read(); //读取输入信息
  Serial.print(val);          //发送数据
  Serial.print(' ');           //发送空格
  if(val == ' a' )
    {   //如果数据是 a
    digitalWrite(14, HIGH);   //驱动 LED
    Serial.print("LED is ON"); //输出数据 LED is ON
    }
  else if(val == ' c' )
    {   //如果数据是 c
    digitalWrite(14, LOW);    //关闭 LED
    Serial.print("LED is OFF"); //输出数据 LED is OFF
    }
  }
}
```

四、Arduino Mega2560 与 Arduino UNO 的通信

1. 控制要求

（1）Arduino Mega2560 控制板串口 2 与 Arduino UNO 控制板的串口连接。

（2）Arduino Mega2560 控制板引脚 2、3 连接按钮 S1、S2。

（3）按下按钮 S1 时，通过 Arduino Mega2560 串口 2 发送字符 "a"，并点亮引脚 13 的 LED 灯。

（4）按下按钮 S2 时，通过 Arduino Mega2560 串口 2 发送字符 "c"，并熄灭引脚 13 的 LED 灯。

（5）Arduino UNO 控制板接收到 Arduino Mega2560 串口 2 发送字符 "a"，点亮 Arduino UNO 控制板引脚 13 的 LED 灯。

（6）Arduino UNO 控制板接收到 Arduino Mega2560 串口 2 发送字符 "c"，熄灭 Arduino UNO 控制板引脚 13 的 LED 灯。

2. 控制程序

（1）Arduino Mega2560 板串口 2 控制程序。

```
int keypin1 = 2; //设定控制 KEY1 引脚号
int keypin2 = 3; //设定控制 KEY2 引脚号
void setup()
{
pinMode(keypin1, INPUT_PULLUP); //设定 KEY1 的输入上拉模式
pinMode(keypin2, INPUT_PULLUP); //设定 KEY2 的输入上拉模式
  Serial2.begin(9600); //设定串口通信波特率
  pinMode(13, OUTPUT); //设定引脚 13 为输出
  }
void loop()
{
```

```
    if(0 == digitalRead(keypin1))  //读 KEY1 的状态
    {
      delay(5);                          //延时 5ms
      if(0 == digitalRead(keypin1)) {  //读 KEY1 的状态
        Serial2.print(' a' );   //串口 2 发送字符 a
        digitalWrite(13, HIGH); //点亮 LED
        while(! digitalRead(keypin1));//等待 KEY1 弹起
      }
    }
    if(0 == digitalRead(keypin2))   //读 KEY2 的状态
    {
delay(5);                          //延时 5ms
    if(0 == digitalRead(keypin2))
    {//读 KEY2 的状态
        Serial2.print(' c' );      //串口 2 发送字符 c
        digitalWrite(13, LOW);   //熄灭 LED
        while(! digitalRead(keypin2)); //等待 KEY2 弹起
      }
    }
}
```

（2）Arduino UNO 板串口控制程序。

```
//初始化函数
void setup()
{
  Serial.begin(9600); //设定串口通信波特率
  pinMode(13, OUTPUT); //设置 13 号引脚为输出
}
//主循环函数
void loop()
{
  if(Serial.available() > 0)
  {  //检测缓冲区是否有数据
    char val = Serial.read(); //读取输入信息
    Serial.print(val);          //发送数据
    Serial.print(' ' );         //发送空格
    if(val == ' a' )
    {  //如果数据是 a
      digitalWrite(13, HIGH);  //驱动 LED
      Serial.print("LED is ON"); //输出数据 LED is ON
    }
    else if(val == ' c' )
      {  //如果数据是 c
```

```
    digitalWrite(13, LOW);     //关闭 LED
    Serial.print("LED is OFF"); //输出数据 LED is OFF
  }
 }
}
```

技能训练

一、训练目标

（1）学会使用 Arduino 控制器的硬件串口。

（2）通过 Arduino 控制器的串口控制 LED 灯显示。

二、训练步骤与内容

（1）建立一个工程。

1）在 E 盘 ESP8266 文件夹，新建一个文件夹 G01。

2）启动 Arduino 软件。

3）选择执行"文件"菜单下"New"新建一个项目命令，自动创建一个新项目。

4）"文件"菜单下"另存为"命令，打开另存为对话框，选择另存的文件夹 G01，打开文件夹 G01，在文件名栏输入"G001"，单击"保存"按钮，保存 G001 项目文件。

（2）编写程序文件。在 G001 项目文件编辑区输入"串口输出应用"程序，单击工具栏"■"保存按钮，保存项目文件。

（3）编译程序。

1）单击"工具"菜单下的"开发板"子菜单命令，在右侧出现的板选项菜单中选择"WeMos D1"。

2）单击"项目"菜单下的"验证/编译"子菜单命令，或单击工具栏的验证/编译按钮，Arduino 软件首先验证程序是否有误，若无误，程序自动开始编译程序。

3）等待编译完成，在软件调试提示区，观看编译结果。

（4）调试。下载程序后，打开 Arduino 软件的串口监视器，观察串口监视器的数据变化。

（5）串口输入函数应用。

1）在 E 盘 ESP8266 文件夹，新建一个文件夹 G02。

2）打开文件夹 G02，新建一个项目文件，另存为 G002。

3）在文件输入窗口，输入"串口输入应用"程序。

4）编译下载程序。

5）打开 Arduino 软件的串口监视器。

6）在串口监视器的右下角，在结束符下拉列表中选择"NL 和 CR"换行和回车。

7）在数据发送区，输入字符"abcd"，单击"发送"按钮，观察串口监视器的数据变化。

（6）串口通信控制 LED。

1）在 E 盘 ESP8266 文件夹，新建一个文件夹 G03。

2）打开文件夹 G03，新建一个项目文件，另存为 G003。

3）在文件输入窗口，输入"串口通信控制 LED"程序。

4）编译下载程序。

5）打开 Arduino 软件的串口监视器。

6）在串口监视器的右下角，在结束符下拉列表中选择"NL 和 CR"换行和回车。

7）在数据发送区，输入字符"a"，单击"发送"按钮，观察串口监视器的数据变化，观察 Arduino 控制板上 LED 状态变化。

8）在数据发送区，输入字符"c"，单击"发送"按钮，观察串口监视器的数据变化，观察 Arduino 控制板上 LED 状态变化。

习题5

1. 如何使用串口读取字符串？

2. 使用 WeMos D1 控制板 A 串口与另一块 WeMos D1 控制板 B 串口，进行串口通信实验。按下与 WeMos D1 控制板 A 连接的按钮 S1，串口发送字符"a"，点亮 WeMos D1 控制板 B 的引脚 14 连接的 LED。按下与 WeMos D1 控制板 A 连接的按钮 S2，串口发送字符"c"，熄灭 WeMos D1 控制板 B 的引脚 14 连接的 LED。

项目六 EEPROM读写

学习目标

(1) 了解 ESP8266 的 EEPROM。
(2) 学会读写 EEPROM。

任务16 读写 EEPROM

基础知识

一、EEPROM

EEPROM（electrically erasable programmable read only memory）是指带电可擦可编程只读存储器，是一种掉电后数据不丢失的存储芯片。若想断电后，仍记住数据，就得使用 EEPROM。

Arduino 提供了完善的 EEPROM 库，用户要使用得先调用 EEPROM. h，然后使用 write 和 read 方法，即可操作 EEPROM。

由于 ESP8266 没有硬件 EEPROM，它使用的是 FLASH 模拟的 EEPROM，默认的空间是 4096byte。

ESP8266 的 EEPROM 库与 Arduino 的 EEPROM 库有些差别，开始读写之前要申明 EEPROM. begin（size），size 是需要使用的字节数，大小为 4 ~ 4096。在执行完 EEPROM. write（）后，不会立即保存数据到 flash，写完之后，还需执行 EEPROM. commit（）或 EEPROM. end（）。这是因为它的 EEPROM 是虚拟出来的，flash 是按扇区操作的，EEPROM 是按字节操作的，所以，先把数据存入缓存区，执行 EEPROM. commit（）函数再去把数据写入 FLASH。EEPROM. end（）可以保存数据到 FLASH 并清除缓存区的内容。

二、操作 EEPROM

1. EEPROM 操作函数
（1）申请 EEPROM 大小函数。
EEPROM. begin（size）；
申请 EEPROM 大小由 size 确定。
（2）读取 EEPROM 函数。
EEPROM. read（address）是读取 EEPROM 指定地址数据的函数，其中 address 表示要读取数据的地址。
（3）写入 EEPROM 函数。
EEPROM. write（addr，val）是写入 EEPROM 指定地址、数据的函数，其中 addr 表示要写

入数据的地址，val 是要写入的数据变量。

（4）保存 EEPROM 数据函数。

EEPROM. commit（）是保存 EEPROM 数据函数。此语句一般放在写入数据程序的结尾。

EEPROM. end（）可以保存数据到 FLASH 并清除缓存区的内容。

2. 擦除 EEPEOM

```
#include <EEPROM. h>
void setup()
{
  EEPROM. begin(512);
  //写 0 到 EEPROM 所有 512 字节
  for(int i = 0; i < 512; i++)
    EEPROM. write(i, 0);    //每个地址，写数据 0
  //写完，点亮 LED
pinMode(14, OUTPUT);
  digitalWrite(14, HIGH);
  EEPROM. end();    //擦除结束，清除缓存区
}
void loop()
{
}
```

3. 读取 EEPROM

```
#include <EEPROM. h>
//从 EEPROM 地址 0 开始读数据
int address = 0;
byte value;
void setup()
{
  // initialize serial and wait for port to open:
  Serial. begin(9600);    //初始化串口
  EEPROM. begin(512);//申请 EEPROM 大小为 512 字节
}
void loop()
{
  value = EEPROM. read(address);//读取 EEPROM 当前地址的数据
  Serial. print(address);    //打印地址
  Serial. print("\t");        //打印水平制表符
  Serial. print(value, DEC);    //打印十进制数值
  Serial. println();            //打印一空行
  address = address + 1;    //EEPROM 地址加 1
  if(address == 512)    //如果地址到达 512
    address = 0;        //地址值复位为 0
  delay(500);    //延迟 500ms
}
```

4. 写入 EEPROM

```
/* 存储从 A0 读取模拟量数值到 EEPROM */
#include <EEPROM.h>
int addr = 0;      //定义地址变量 addr，并初始化为 0
void setup()
{
  EEPROM.begin(512);    //申请 EEPROM 大小为 512 字节
}
void loop()
{
  int val = analogRead(A0) / 4;   //读取的模拟量数值除以 4
  EEPROM.write(addr, val);   //将数据写入指定地址
  addr = addr + 1;       //地址加 1
  if(addr == 512)
  {
    addr = 0;
    EEPROM.commit();   //数据写入 EEPROM
  }
  delay(100);   //延时 100ms
}
```

技能训练

一、训练目标

（1）了解 EEPROM。
（2）学会读写 EEPROM。

二、训练步骤与内容

（1）建立一个工程。

1）在 E 盘 ESP8266 文件夹，新建一个文件夹 F01。

2）启动 Arduino 软件。

3）选择执行"文件"菜单下"New"新建一个项目命令，自动创建一个新项目，并保存项目文件。

（2）编写程序文件。将 EEPROM 的地址数据值写入相应的地址。

```
#include <EEPROM.h>
int addr = 0; //EEPROM 数据地址
void setup()
{
  Serial.begin(9600);   //初始化串口
  Serial.println("");
  Serial.println("Start write"); //换行打印 Start write
  EEPROM.begin(256); //申请操作到地址 256
```

```
for(addr = 0; addr < 256; addr++)
{
  int data = addr; //将地址值付给变量 data
  EEPROM.write(addr, data); //EEPROM 指定地址写数据
  if(addr >= 254)
  {
    Serial.println("addr : ");
    Serial.print(addr);
    Serial.println( );
    Serial.println("data : ");
    Serial.print(data);
    Serial.println( );
  }
}
EEPROM.commit(); //保存更改的数据
Serial.println( );
Serial.println("End write");  //换行打印 End write
}
void loop()
{
}
```

（3）编译程序。

1）单击"项目"菜单下的"验证/编译"子菜单命令，或单击工具栏的验证/编译按钮，Arduino 软件首先验证程序是否有误，若无误，程序自动开始编译程序。

2）等待编译完成，在软件调试提示区，观看编译结果。

（4）调试。

1）单击工具栏的下载按钮图标，将程序下载到 WeMos D1 控制板。

2）下载完成，在软件调试提示区，观看下载结果。

3）打开串口调试器，按下开发板的 RST 按键，观察运行结果，见图 6-1。

图 6-1　运行结果

习题6

1. 如何清除 EEPROM 指定区域的数据？
2. 如何读取 EEPROM 指定区域的数据？
3. 如何在 EEPROM 的指定地址写入数据？

（1）学会编写 Arduino 类库。

（2）学习使用 Arduino 类库。

任务 17　学会编写 Arduino 类库

基础知识

一、使用函数提高程序的可读性

前面学习了 LED 闪烁控制，通过 delay 延时实现了 LED 的闪烁控制，为了使程序便于阅读，看起来清晰明了，可以将 LED 端口配置设计为 Set_LED（）函数。该函数完成 LED 驱动端口的初始化。Set_LED（）函数代码如下：

```
void  Set_LED (int LedPin)
{
pinMode (LedPin, OUTPUT);
}
```

将 LED 闪烁封装为 LED（）函数，该函数完成对 LED 的控制。LED（）函数代码如下：

```
void LED( int pin)
{
led. on();
delay(500);
led. off();
delay(500);
}
```

只需在 setup（）函数和 loop（）函数中调用这两个函数即可完成对 LED 的控制功能。

```
void setup()
{
Set_LED (13);
}
void loop ()
{
LED (13);
}
```

这样设计后的程序，整体可读性加强，修改参数也容易，只需修改 Arduino UNO 控制板的引脚端口，就可以方便地控制 LED。只要有 C 语言的基础，都可轻松完成程序的书写。

二、编辑 Arduino 类库

1. 预处理基本操作

预处理是 C 语言在编译之前对源程序的编译。以"#"号开头的语句称为预处理命令。预处理包括宏定义、文件包括和条件编译。

（1）宏定义。宏定义的作用是用指定的标识符代替一个字符串。一般定义为：

#define 标识符　字符串

#define uChar8 unsigned char　　//定义无符号字符型数据类型 uChar8

定义了宏之后，就可以在任何需要的地方使用宏，在 C 语言处理时，只是简单地将宏标识符用它的字符串代替。

定义无符号字符型数据类型 uChar8，可以在后续的变量定义中使用 uChar8，在 C 语言处理时，只是简单地将宏标识符 uChar8 用它的字符串 unsigned char 代替。

在 Arduino 中，经常用到的 HIGH、LOW、INPUT、OUTPUT 等参数就是通过宏的方式定义的。

（2）文件包括。文件包括的作用是将一个文件内容完全包括在另一个文件之中，如#include "HCSR04. H"，预处理时，系统会将该语句替换成 HCSR04. H 头文件中的实际内容，然后再对替换后的代码进行编译。

文件包括的一般形式为：

#include "文件名" 或 #include<文件名>

两者的区别在于，用双引号的 include 指令首先在当前 Arduino 文件的所在目录中查找包含文件，如果没有则到系统指定的文件目录去寻找。

使用尖括号的 include 指令直接在系统指定的包含目录中寻找要包含的文件，即优先在 Arduino 库文件中寻找目标文件，若没找到，系统再到当前 Arduino 项目的项目文件夹中寻找。

在程序设计中，文件包含可以节省用户的重复工作，或者可以先将一个大的程序分成多个源文件，由不同人员编写，然后再用文件包括指令把源文件包含到主文件中。

（3）条件编译。通常情况下，在编译器中进行文件编译时，将会对源程序中所有的行进行编译。如果用户想在源程序中的部分内容满足一定条件时才编译，则可以通过条件编译对相应内容制定编译的条件来实现相应的功能。条件编译有以下 3 种形式。

1）#ifdef 标识符 程序段 1；#else 程序段 2；#endif

其作用是，当标识符已经被定义过（通常用#define 命令定义）时，只对程序段 1 进行编译，否则编译程序段 2。

2）#ifndef 标识符 程序段 1；#else 程序段 2；#endif

其作用是，当标识符已经没有被定义过（通常用#define 命令定义）时，只对程序段 1 进行编译，否则编译程序段 2。

3）#if 表达式 程序段 1；#else 程序段 2；#endif

当表达式为真，编译程序段 1，否则，编译程序段 2。

2. 编辑头文件

一个 Arduino 类函数库应至少包含两个文件：头文件（扩展名为 *. h）和源代码文件（扩展名为 *. cpp）。头文件包含 Arduino 类函数库的声明，即 Arduino 类函数库的功能说明列表；源代码文件包含 Arduino 类函数库的实现方法和程序语句。若将 Arduino 类函数库命名为 LEDS，那么头文件就命名为 leds. h。

　　头文件的核心内容，是一个封装了成员函数与相关变量的类声明：创建一个文件夹 LEDS；在文件夹内建立一个名为"leds. h"的头文件；在头文件中声明一个 LEDS 类。

　　类的声明方法如下：

```
class LEDS
{
public:
//填写可被外部访问的函数和代码
private:
//填写这个类访问的函数和代码
}
```

　　通常一个类包括 public 和 private 两部分，其中 public 中声明的函数、变量为公用部分，可以被外部程序调用访问；Private 中声明的函数、变量为私有部分，只能在这个类中使用。

　　根据需要可以确定 LEDS 类的结构如图 7-1 所示。

　　LEDS 类包括 5 个成员函数和 1 个成员变量。

　　LEDS 类的第 1 个函数是 LEDS（）函数，该函数是一个与类同名的构造函数，用于初始化对象，它在 public 中进行声明。函数声明语句如下：

　　LEDS（int pin）；

　　该构造函数用来替代 void Set_LED（int Led-Pin）。要注意的是，构造函数必须与类同名，且不能有返回值。

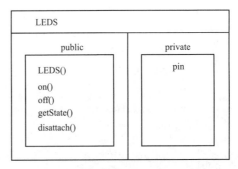

图 7-1　LEDS 类结构

　　LEDS 类的第 2 个函数是 void on（），用于控制 LED 引脚输出高电平。

　　LEDS 类的第 3 个函数是 void off（），用于控制 LED 引脚输出低电平。

　　LEDS 类的第 4 个函数是 bool getState（），用于获得 LED 引脚状态。

　　LEDS 类的第 5 个函数是 void disattach（），用于复位 LED 引脚到上电初始状态。

　　对于在程序运行中用到的函数或变量，用户在使用时并不会接触到，可以将它们放到 private 私有部分中定义，即

　　//记录 LED 使用的引脚

```
int pin;
```

　　类声明语句如下：

```
class LEDS
{
public:
    LEDS(int pin);
    void on();
    void off();
bool getState();   //获取 LED 引脚状态
void disattach();
private:
    int pin;
```

```
};
```

实际上，类就是一个把函数和变量放在一起的集合。类里的函数与变量，根据访问权限，可以是 public（公有，即提供给函数库的使用者使用），也可以是 private（私有，即只能由类自己使用）。类有个特殊的函数——构造函数，它用于创建类的一个实例。构造函数的类型与类相同，且没有返回值。

头文件里还有些其他杂项。如为了使用标准类型和 Arduino 语言的常量，需要#include 语句（Arduino 的 IDE 会自动为普通代码加上这些#include 语句，但不会自动为函数库添加）。这些#include 语句类似：

```
#include "Arduino.h"
```

为了防止多次引用头文件造成各种问题，我们常用一种条件编译语句的方式来封装整个头文件的内容：

```
#ifndef LEDS_h
#define LEDS_h
// the #include statment and code go here...
#endif
```

该封装的主要作用是防止头文件被引用多次。

完整头文件的代码如下：

```
#ifndef LEDS_H
#define LEDS_H
#include " arduino.h"
class LEDS
{
public:
    LEDS (int pin);     //构造函数
    void on();     //LED 引脚输出高电平
    void off();     //LED 引脚输出低电平
bool getState();     //获取 LED 引脚状态
void disattach(); //复位 LED 引脚到上电初始状态
private:
    int pin;//类使用的私有变量
};
#endif
```

3. 输入并保存头文件

（1）启动 Arduino IDE 软件，单击串口监视器下面的三角下拉菜单箭头，在弹出的快捷菜单中，选择执行"新建标签"菜单命令，见图7-2。

（2）在新文件的名字栏中输入"leds.h"，见图7-3。

（3）单击"好"按钮，新建一个 leds.h 文件标签。

（4）在 leds.h 文件窗口编辑区输入 leds.h 头文件代码，见图7-4。

（5）保存头文件。

4. 编辑源代码文件 LEDS.cpp

首先通过#include 语句让源代码文件的程序能够使用 Arduino 的标准函数和在 led.h 里声明的类。

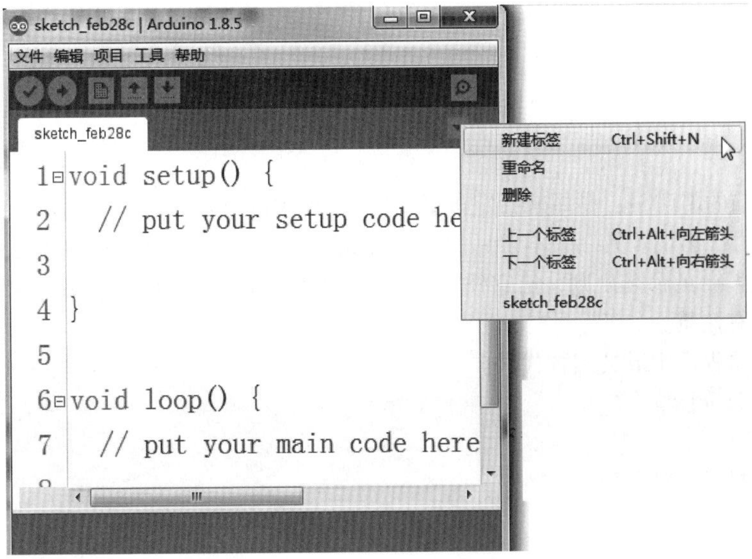

图 7-2 新建标签

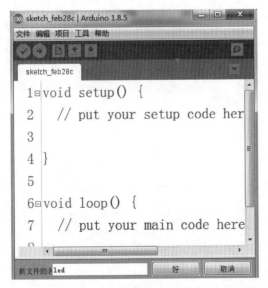

图 7-3 输入文件名

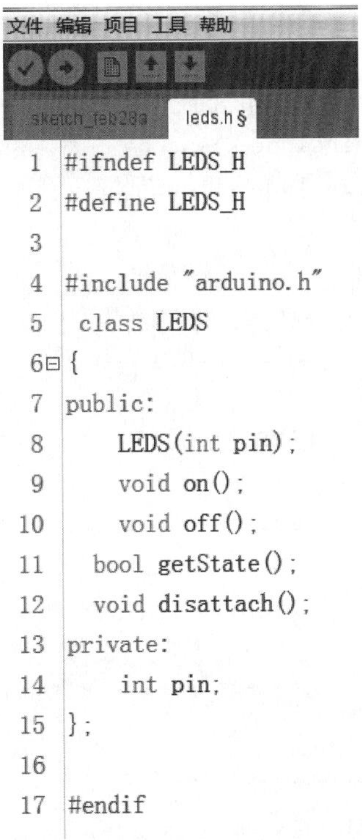

```
1  #ifndef LEDS_H
2  #define LEDS_H
3
4  #include "arduino.h"
5   class LEDS
6  {
7  public:
8      LEDS(int pin);
9      void on();
10     void off();
11    bool getState();
12    void disattach();
13 private:
14     int pin;
15 };
16
17 #endif
```

图 7-4 输入 leds. h 头文件代码

```
#include "Arduino. h"
#include " leds. h"
```

（1）编辑构造函数。构造函数是当创建类的一个实例时调用的。在类源程序中，用于指定使用哪个管脚和 LED 闪烁的间隔时间。将该管脚设置成输出模式，并用一个私有成员变量保存起来，以备其他函数使用。将 LED 闪烁的间隔时间也用一个私有成员变量保存起来，以备其他函数使用。

```
LEDS::LEDS(int pin)
{
  pinMode(pin, OUTPUT);
  this->pin = pin;
}
```

函数名之前的 LEDS:: 是用来指定该函数是 LEDS 类的成员函数，下面定义类的其他成员函数时，也会再次出现。另一个不常见的是私有成员变量名 this->pin 中的指定类函数使用的 pin，其实可按 C++的命名规则，给它任意命名，从而说明传进来的 pin 参数，也能清晰地知道它的 private 私有性质。

（2）编辑源程序中成员函数代码。

```
void LEDS::on()
{
    digitalWrite(pin,HIGH);
}
void LEDS::off()
{
    digitalWrite(pin,LOW);
}
```

LEDS. cpp 完整代码：

```
#include <leds.h>
#include <arduino.h>
LEDS::LEDS(int pin)
{
    pinMode(pin,OUTPUT);
    this->pin=pin;
}
void LEDS::on()
{
    digitalWrite(pin,HIGH);
}
void LEDS::off()
{
    digitalWrite(pin,LOW);
}
bool LEDS::getState()
{
    return digitalRead(pin); //返回 LED 引脚状态
}
void LEDS::disattach()          //复位到上电初始状态
{
    digitalWrite(pin,LOW);
    pinMode(pin,INPUT);
}
```

（3）新建一个标签，设置文件名为"LEDS. cpp"，并在其中输入 LEDS. cpp 源程序中成员函数代码，保存源程序。

5. 关键字高亮显示

完美的 Arduino 类库应包括让 Arduino IDE 软件识别并能高亮显示关键字的 keywords. txt 文本文件。在 Mled 文件夹内，新建一个 keywords. txt 文件，并输入以下内容：

LEDS   KEYWORD1

on   KEYWORD2

off   KEYWORD2

getPin   KEYWORD2

getState   KEYWORD2

disattach   KEYWORD2

需要说明的是，"LEDS KEYWORD1" "on KEYWORD2" 之间的空格应该用键盘上的 "Tab" 键输入。

在 Arduino IDE 软件的关键字高亮显示中，会将 KEYWORD1 定义的关键字识别为数据类型高亮显示方式，将 KEYWORD2 识别为成员函数高亮显示。有了 keywords. txt 文本文件，在 Arduino IDE 软件中使用该类库时，就能看到高亮显示的效果了。

至此，一个完整的 Arduino 类库所需的文件就编辑完成了。

在使用该类库时，需要在 Arduino IDE 软件安装目录下的 libraries 下新建一个名称为 LEDS 的文件夹，并将新建 Arduino 类库的 leds. h 头文件、LEDS. cpp 源程序文件和 keywords. txt 文本文件放入该文件夹中，一个完整的 Arduino 类库见图7-5。

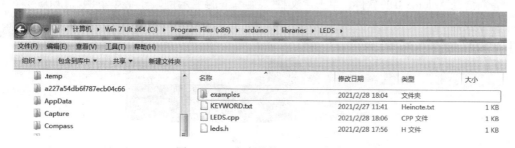

图 7-5   一个完整的 Arduino 类库

6. 创建示例程序

为了方便其他用户学习和使用你编辑的 LED 类库，还需要在 LEDS 类库文件中新建一个 examples 文件夹，并放入你提供的示例程序，以便其他使用者学习和使用这个 LED 类库，并放入一个 LEDS. ino 的 Arduino 文件（见图7-6）。

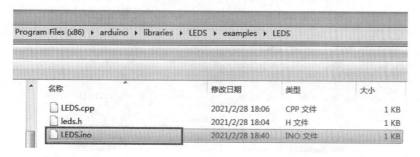

图 7-6   LEDS. ino 文件

需要注意的是，∗. ino 文件所在文件夹需要与该∗. ino 文件同名。

LEDS. ino 示例文件的完整代码：

```
#include <leds. h>
LEDS led(13);
void setup()
{
  Serial. begin(9600);
}
void loop()
{
  led. on();
  Serial. print("LED state:"); Serial. println(led. getState(), DEC);
  Serial. println("LED is ON");
  delay(1000);
  led. off();
  Serial. print("LED state:"); Serial. println(led. getState(), DEC);
  Serial. println("LED is OFF");
  delay(500);
}
```

7. 检验 LEDS 类库

重新启动 Arduino IDE 软件，单击"文件"菜单下的"示例"子菜单下的"LEDS"下菜单，可以找到 Mled 类库的示例程序，见图 7-7。将示例程序下载到 Arduino Mega2560 控制板，可以检验 LEDS 类库是否正确。

图 7-7　LEDS 类库的示例程序

8. LEDS 类库的应用

重新启动 Arduino IDE 软件，新建一个项目，在新建项目的代码编辑区输入下列程序：

```
#include  <leds.h>
LEDS Led1(9);
void setup()
{
}
void loop()
{
Led1.on();
delay(500);
Led1.off();
delay(500);
}
```

技能训练

一、训练目标

（1）学会编辑应用函数的 LED 控制程序。

（2）学会编辑和应用 LED 的 Arduino 类库。

二、训练步骤与内容

（1）建立一个工程。

1）在 E 盘 ESP8266 文件夹，新建一个文件夹 G07。

2）启动 Arduino 软件。

3）选择执行"文件"菜单下"New"新建一个项目命令，自动创建一个新项目 G007，单击"保存"按钮，保存 G007 项目文件。

（2）编写 LED.h 头文件。

1）单击串口监视器下面的三角下拉菜单箭头，在弹出的快捷菜单中，选择执行"新建标签"菜单命令。

2）在新文件的名字栏中输入"leds.h"。

3）单击"好"按钮，新建一个 leds.h 文件标签。

4）在 leds.h 文件窗口编辑区输入 leds.h 头文件代码。

5）保存头文件。

（3）编写 LEDS.cpp 源程序文件。

1）单击串口监视器下面的三角下拉菜单箭头，在弹出的快捷菜单中，选择执行"新建标签"菜单命令。

2）在新文件的名字栏中输入"LEDS.cpp"。

3）单击"好"按钮，新建一个 LEDS.cpp 源程序文件标签。

4）单击"LEDS.cpp"标签，在 LEDS.cpp 文件窗口编辑区输入 LEDS.cpp 源程序文件代码。

5）保存 LEDS.cpp 源程序文件。

（4）编写高亮显示关键字的 keywords.txt 文本文件。

1）启动记事本软件。

2）在软件编辑窗口，输入 LEDS 类的 keywords. txt 文本文件。

3）单击执行文件菜单下的"另存为"菜单命令，将文件另存于 G007 项目文件内。

（5）创建 Arduino 的 LEDS 类库。

1）打开 Arduino IDE 软件安装目录的 Libraries 文件夹。

2）在其下新建一个文件夹，并命名为"LEDS"。

3）将 G007 项目文件夹内的 leds. h、LEDS. cpp、keywords. txt 复制到 LEDS 文件夹。

4）在 LEDS 文件夹，创建一个 examples 文件夹。

5）在 examples 文件夹，新建一个 LEDS 文件夹。

6）重新启动 Arduino IDE 软件。

7）新建一个项目。

8）在新建项目的编辑区，输入"LEDS 类示例程序"。

9）单击执行"文件"菜单下的"另存为"命令，将示例项目文件另存到 examples 文件夹。

10）单击执行"项目"菜单下的"验证/编译"菜单命令，验证并编译文件，观察验证编译输出窗口，看编译是否有错。

11）若验证编译无错，单击执行"项目"菜单下的"上传"菜单命令，将程序下载到 Arduino Mega2560 控制板，并观察 Arduino Mega2560 控制板 13 号引脚连接的 LED 指示灯的状态变化。

（6）应用 Arduino 类库。

1）WeMos D1 控制板 D5（GPIO14）号引脚已经连接了一只 LED。

2）重新启动 Arduino IDE 软件。

3）新建一个项目。

4）在新建项目的代码编辑区输入"LEDS 类库的应用"程序，注意修改引脚号为 14。

5）单击执行"项目"菜单下的"上传"菜单命令，将程序下载到 WeMos D1 控制板，并观察 WeMos D1 控制板连接的 LED 指示灯的状态变化。

习题7

1. 设计一个超声检测的 Arduino 类库，设计 Arduino 类库 SR04 的头文件、源程序文件、高亮显示关键字的 keywords. txt 文本文件。Arduino IDE 软件安装目录的 Libraries 文件夹下新建一个 SR04 的文件夹，复制 SR04 的头文件、源程序文件、高亮显示关键字的 keywords. txt 文本文件到该文件夹，并创建 Arduino 类库 SR04 的示例文件。

2. 应用 Arduino 类库 SR04，在 Arduino Mega2560 控制板的引脚 2、引脚 3 和引脚 5、引脚 6 连接超声波检测模块，设计超声测距控制程序，进行双超声波模块的测距实验。

3. 在网上下载一个 Arduino 的 DHT11 类库压缩文件，解压后，复制到 Arduino IDE 软件安装目录的 Libraries 文件夹下，并应用该 Arduino 的 DHT11 类库进行温湿度检测实验。

项目八 I²C通信

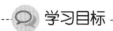 学习目标

（1）了解 I²C 通信。

（2）学会应用 I²C 类库。

（3）学会使用 OLED 显示屏。

任务18　应用 OLED 显示屏

 基础知识

一、I²C 总线

1. I²C 总线简介

I²C 总线只有两根双向信号线。一根是数据线 SDA，另一根是时钟线 SCL。

SCL：上升沿将数据输入到每个 EEPROM 器件中；下降沿驱动 EEPROM 器件输出数据。

SDA：双向数据线，为 OD 门，与其他任意数量的 OD 与 OC 门成"线与"关系。

I²C 总线通过上拉电阻接正电源。当总线空闲时，两根线均为高电平（SDA = 1；SCL = 1）。连到总线上的任一器件输出的低电平，都将使总线的信号变低，即各器件的 SDA 及 SCL 都是"线与"关系。

每个接到 I²C 总线上的器件都有唯一的地址。主机与其他器件间的数据传送可以是由主机发送数据到其他器件，这时主机即为发送器。由总线上接收数据的器件则为接收器。I²C 总线可以标准的寻址字节 SLAM 为 7 位，可寻址 127 个单元。

在多主机系统中，可能同时有几个主机企图启动总线传送数据。为了避免混乱，I²C 总线要通过总线仲裁，以决定由哪一台主机控制总线。

2. 数据传送

I²C 总线进行数据传送时，时钟信号为高电平期间，数据线上的数据必须保持稳定，只有在时钟线上的信号为低电平期间，数据线上的高电平或低电平状态才允许变化。

SCL 线为高电平期间，SDA 线由高电平向低电平的变化表示起始信号，由低电平向高电平的变化表示终止信号。

起始和终止信号都是由主机发出的。在起始信号产生后，总线就处于被占用的状态；在终止信号产生后，总线就处于空闲状态。连接到 I²C 总线上的器件，若具有 I²C 总线的硬件接口，则很容易检测到起始和终止信号。

接收器件收到一个完整的数据字节后，有可能需要完成一些其他工作，如处理内部中断服

务等，可能无法立刻接收下一个字节，这时接收器件可以将 SCL 线拉成低电平，从而使主机处于等待状态。直到接收器件准备好接收下一个字节时，再释放 SCL 线使之为高电平，从而使数据传送可以继续进行。

3. ESP8266 的 I²C

ESP8266 的 I²C 总线频率是 450kHz，在使用 I²C 前，需要调用 wire. beging（int sda, int scl）函数申明 SDA 和 SCL 引脚，默认的是 GPIO4（SDA）和 GPIO5（SCL）。

二、OLED 显示器

1. OLED

有机发光显示器 OLED（organic light emitting diode），又称为有机电激光显示、有机发光半导体。OLED 属于一种电流型的有机发光器件，是通过载流子的注入和复合而发光的，发光强度与注入的电流成正比。OLED 在电场的作用下，阳极产生的空穴和阴极产生的电子就会发生移动，分别向空穴传输层和电子传输层注入，迁移到发光层。当二者在发光层相遇时，产生能量激子，从而激发发光分子最终产生可见光。

2. 显示屏

OLED 显示屏是利用有机电自发光二极管制成的显示屏。由于同时具备自发光有机电激发光二极管，且不需背光源、对比度高、厚度薄、视角广、反应速度快、可用于挠曲性面板、使用温度范围广、构造及制程较简单等优异特性，OLED 显示屏被认为是下一代的平面显示器新兴应用技术。

（1）OLED 显示屏 SSD1306。OLED 显示屏 SSD1306 是一款小巧的显示屏，整体大小为宽度 26mm，高度 25.2mm。4 只引脚排列分别为 GND、VCC、SCL、SDA，屏幕尺寸为 0.9m。

（2）基本特性。

尺寸：0.96 寸；

分辨率高：128×64；

颜色：白色；

可视角度大：>160°；

支持众多平台：Arduino. 51 系列、MSP430 系列、STM32、CSR 芯片等；

超低功耗：正常工作时 0.04W；

宽电压支持：3.3 ~ 5V 直流；

工作温度：30 ~ 80℃；

驱动芯片：SSD13O6；

通信方式：I²C，只需 2 个 I/OD 接口；

字库：无；

背光：OLED 自发光，无须背光。

（3）点阵像素。OLED 是一个 M×N 的像素点阵，想显示什么就得把具体位置的像素点亮起来。对于每一个像素点，有可能是 1 点亮，也有可能是 0 点亮。对于 128×64 的 OLED，像素地址排列从左到右是 0 ~ 127，从上到下是 0 ~ 63。在坐标系中，左上角是原点（0，0），向右是 X 轴，向下是 Y 轴。

3. U8g2 库

U8g2 库是嵌入式设备的单色图形库，主要应用于嵌入式设备，包括常见的 Arduino、

ESP8266、各种单片机等。

U8g2 基本上支持所有 Arduino API 的主板，包括：Arduino Zero、Uno、Mega、Due、101、Zero 及所有其他 Arduino 官方主板；基于 Arduino 平台的 STM32；基于 Arduino 平台的 ESP8266 和 ESP32；甚至其他不知名的基于 Arduino 平台的开发板。

U8g2 支持单色 OLED 和 LCD，包括以下控制器：SSD1305、SSD1306、SSD1309、SSD1322、SSD1325、SSD1327、SSD1329、SSD1606、SSD1607、SH1106、SH1107、SH1108、SH1122、T6963、RA8835、LC7981、PCD8544、PCF8812、HX1230、UC1601、UC1604、UC1608、UC1610、UC1611、UC1701、ST7565、ST7567、ST7588、ST75256、NT7534、IST3020、ST7920、LD7032、KS0108、SED1520、SBN1661、IL3820、MAX7219 等。

可以说，基本上主流的显示控制器都支持，比如常见的 SSD1306 12864，用户在使用该库之前请查阅自己的 OLED 显示控制器是否处于支持列表中。

U8g2 库的函数包括：

（1）基本函数。

u8g2. begin（）—— 构造 U8G2；

u8g2. beginSimple（）—— 构造 U8G2；

u8g2. initDisplay（）—— 初始化显示控制器；

u8g2. clearDisplay（）—— 清除屏幕内容；

u8g2. setPowerSave（）—— 是否开启省电模式；

u8g2. clear（）—— 清除操作；

u8g2. clearBuffer（）—— 清除缓冲区；

u8g2. disableUTF8Print（）—— 禁用 UTF8 打印；

u8g2. enableUTF8Print（）—— 启用 UTF8 打印；

u8g2. home（）—— 重置显示光标的位置。

（2）绘制相关函数。

u8g2. drawBox（）—— 画实心方形；

u8g2. drawCircle（）—— 画空心圆；

u8g2. drawDisc（）—— 画实心圆；

u8g2. drawEllipse（）—— 画空心椭圆；

u8g2. drawFilledEllipse（）—— 画实心椭圆；

u8g2. drawFrame（）—— 画空心方形；

u8g2. drawGlyph（）—— 绘制字体字集的符号；

u8g2. drawHLine（）—— 绘制水平线；

u8g2. drawLine（）—— 两点之间绘制线；

u8g2. drawPixel（）—— 绘制像素点；

u8g2. drawRBox（）—— 绘制圆角实心方形；

u8g2. drawRFrame（）—— 绘制圆角空心方形；

u8g2. drawStr（）—— 绘制字符串；

u8g2. drawTriangle（）—— 绘制实心三角形；

u8g2. drawUTF8（）—— 绘制 UTF8 编码的字符；

u8g2. drawVLine（）—— 绘制竖直线；

u8g2. drawXBM（）/drawXBMP（）—— 绘制图像；

u8g2. firstPage（）/nextPage（）——绘制命令；

u8g2. print（）——绘制内容；

u8g2. sendBuffer（）——绘制缓冲区的内容。

（3）显示配置用的相关函数。

u8g2. getAscent（）——获取基准线以上的高度；

u8g2. getDescent（）——获取基准线以下的高度；

u8g2. getDisplayHeight（）——获取显示器的高度；

u8g2. getDisplayWidth（）——获取显示器的宽度；

u8g2. getMaxCharHeight（）——获取当前字体里的最大字符的高度；

u8g2. getMaxCharWidth（）——获取当前字体里的最大字符的宽度；

u8g2. getStrWidth（）——获取字符串的像素宽度；

u8g2. getUTF8Width（）——获取 UTF-8 字符串的像素宽度；

u8g2. setAutoPageClear（）——设置自动清除缓冲区；

u8g2. setBitmapMode（）——设置位图模式；

u8g2. setBusClock（）——设置总线时钟；

u8g2. setClipWindow（）——设置采集窗口大小；

u8g2. setCursor（）——设置绘制光标位置；

u8g2. setDisplayRotation（）——设置显示器的旋转角度；

u8g2. setDrawColor（）——设置绘制颜色；

u8g2. setFont（）——设置字体集；

u8g2. setFontDirection（）——设置字体方向。

（4）与缓存相关的函数。

u8g2. getBufferPtr（）——获取缓存空间的地址；

u8g2. getBufferTileHeight（）——获取缓冲区的 Tile 高度；

u8g2. getBufferTileWidth（）——获取缓冲区的 Tile 宽度；

u8g2. getBufferCurrTileRow（）——获取缓冲区的当前 Tile row；

u8g2. setBufferCurrTileRow（）——设置缓冲区的当前 Tile row。

4. U8g2 库应用

（1）区分显示器类别：类别，LED 点阵、LCD 还是 OLED 等；大小，128×64 等。

（2）选择物理总线方式，支持 SPI、I^2C、one-wire 等。

1）3SPI：3-wire SPI，串行外围接口，依靠三个控制信号，即 Clock、Data、CS；

2）4SPI：4-Wire SPI，跟 3SPI 一样，只是额外多了一条数据命令线，经常叫作 D/C；

3）I^2C：IIC 或 TWI（SCL、SDA）。

（3）区分数字连线。知道了物理连线模式之后，一般都是把 OLED 连接到 Arduino 板的输出引脚，也就是通过软件模拟具体总线协议。当然，如果有现成的物理总线端口那就更好了。

（4）U8g2 初始化。

1）构造器基本语句。通过构造器基本语句确定控制器使用的类别、显示器使用的类别、缓冲区大小、总线类别和通信引脚号等。例如：

```
U8G2_SSD1306_128X64_NONAME_1_SW_I2C u8g2 (U8G2_R0, /* clock=*/ SCL, /*
data=*/ SDA, /* reset=*/ U8X8_PIN_NONE);
```

2）其他构造器语句见表 8-1。

表 8-1　　　　　　　　　　　　　　　　　　　　其他构造语句

Controller "ssd1306", Display "128x64_noname"	描述
U8G2_SSD1306_128X64_NONAME_1_4W_SW_SPI（rotation, clock, data, cs, dc［, reset］）	page buffer, size = 128 bytes
U8G2_SSD1306_128X64_NONAME_2_4W_SW_SPI（rotation, clock, data, cs, dc［, reset］）	page buffer, size = 256 bytes
U8G2_SSD1306_128X64_NONAME_F_4W_SW_SPI（rotation, clock, data, cs, dc［, reset］）	full framebuffer, size = 1024 bytes
U8G2_SSD1306_128X64_NONAME_1_4W_HW_SPI（rotation, cs, dc［, reset］）	page buffer, size = 128 bytes

3）构造器的名字包括以下几方面，见表 8-2。

表 8-2　　　　　　　　　　　　　　　　　　　　构造器名称示例

序号	描述	示例
1	Prefix	U8g2
2	Display Controller	SSD1306
3	Display Name	128X64_NONAME
4	Buffer Size	1, 2 or F（full frame buffer）
5	Communication	4W_SW_SPI

4）缓冲区大小描述 BufferSize Description：

保持一页的缓冲区，用于 firstPage/nextPage 的 PageMode；

保持两页的缓冲区，用于 firstPage/nextPage 的 PageMode；

获取整个屏幕的缓冲区，ram 消耗大，一般用在 ram 空间比较大的 Arduino 板子。

5）倾斜、镜像描述：

U8G2_R0：No rotation, landscape；

U8G2_R1：90 degree clockwise rotation；

U8G2_R2：180 degree clockwise rotation；

U8G2_R3：270 degree clockwise rotation；

U8G2_MIRROR：No rotation, landscape, display content is mirrored（v2.6.x）。

（5）U8g2 绘制模式。

1）全屏缓存模式（full screen buffer mode）的特点：点绘制速度快，所有的绘制方法都可以使用，需要大量的 ram 空间。

全屏缓存模式的初始化，从这里选择一个 U8g2 的构造器，全屏缓存模式的构造器包含了"F"，例如：

U8G2_SSD1306_128X64_ F _SW_SPI（rotation, clock, data, cs［, reset］）

2）分页模式（page mode）特点：页绘制速度慢，所有的绘制方法都可以使用，需要少量的 ram 空间。

分页模式初始化，从这里选择一个 U8g2 的构造器，分页模式的构造器包含了"1"或"2"，例如：

U8G2_ST7920_128X64_1_SW_SPI（rotation, clock, data, cs［, reset］）

3）U8x8 字符模式（U8x8 character only mode）特点：绘制速度快，并不是对所有的显示器都有效，图形绘制不可用，不需要 ram 空间，只输出文本（字符），只支持 8×8 像素字体快速。

U8x8 字符模式应用示例：

```
void setup(void)
{
  u8x8.begin();
}
void loop(void)
{
  u8x8.setFont(u8x8_font_chroma48medium8_r);
  u8x8.drawString (0, 1," Hello World!");
}
```

5. OLED 实验程序

```
#include <Arduino.h>
#include <U8g2lib.h>
#ifdef  U8X8_HAVE_HW_I2C
#include <Wire.h>
#endif
U8G2_SSD1306_128X64_NONAME_F_SW_I2C u8g2 (U8G2_R0, /* clock=*/ SCL, /* data=
*/ SDA, /* reset=*/ U8X8_PIN_NONE);
  void setup (void)
  {
    u8g2.begin ();
  }
  void loop (void)
  {
    u8g2.clearBuffer (); // 清除内部存储器
    u8g2.setFont(u8g2_font_ncenB08_tr);    // 选择合适的字体
    u8g2.drawStr(0,10,"Hello World!"); // 写 Hello World! 到内部存储器
    u8g2.sendBuffer(); // 将内部存储器数据传输到显示器
    delay(1000);
  }
```

关于 U8g2 的初始化函数的操作：

```
bool begin(void)
{
    initDisplay(); //初始化显示器
    clearDisplay();  // 重置清屏
    setPowerSave(0); //唤醒屏幕
    return 1;
}
```

说明初始化过程包括初始化显示器、重置清屏、唤醒屏幕等。

u8g2.drawStr（0，10," Hello World!"）语句说明，前部的（0，10）分别表示字符串开始的位置坐标（x，y），后部表示要现实的字符串（Hello World!）。

三、OLED 显示汉字

（1）利用汉字生成软件生成点阵字库。

1）启动 PCtoLCD2002 软件，见图 8-1。

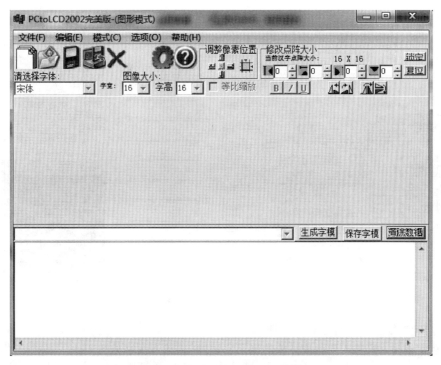

图 8-1　启动 PCtoLCD2002 软件

2）单击字模选项菜单或字模选项按钮，弹出字模选项对话框，见图 8-2。

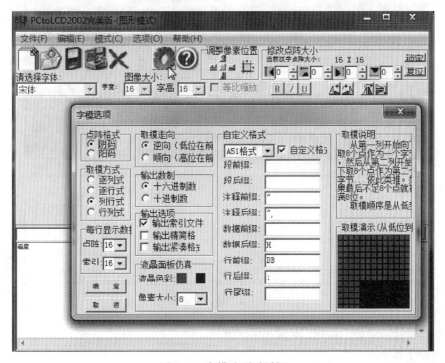

图 8-2　字模选项对话框

3) 设置各项字模参数，见图8-3。

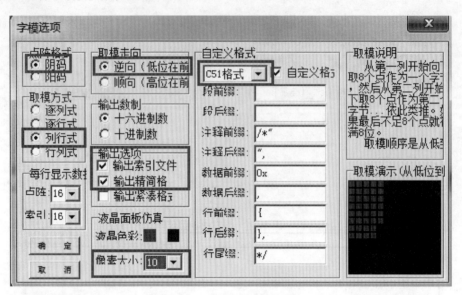

图8-3　设置各项字模参数

4) 单击"确定"，保存字模参数选项。

5) 在文本输入区输入要生成点阵的汉字"温度"，输入汉字见图8-4。

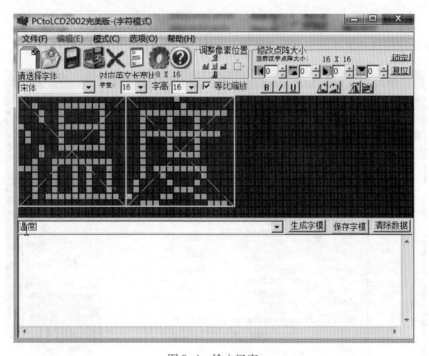

图8-4　输入汉字

6) 单击"生成字模"按钮，生成汉字字模。

7) 保存字模生成文件。

（2）编辑汉字显示程序。拷贝生成的字模参数到汉字显示程序中即可。

技能训练

一、训练目标

（1）了解 U8g2 显示器类库。

（2）学会使用 U8g2 类库控制 OLED 显示屏。

二、训练步骤与内容

（1）建立一个工程。

1）在 E 盘 ESP8266 文件夹，新建一个文件夹 H01。

2）启动 Arduino 软件。

3）选择执行"文件"菜单下"New"新建一个项目命令，自动创建一个新项目，保存在 H001 项目文件。

（2）编写程序文件。在 H001 项目文件编辑区输入"OLED 实验"程序，单击工具栏"💾"保存按钮，保存项目文件。

（3）编译程序。

1）单击"工具"菜单下的"板"子菜单命令，在右侧出现的板选项菜单中选择"WeMos D1"。

2）单击"项目"菜单下的"验证/编译"子菜单命令，等待编译完成，在软件调试提示区，观看编译结果。

3）编译错误处理。

若发生编译错误，请修改对应项目文件的头文件，如下所示：

```
//U8G2_SSD1306_128X64_NONAME_F_SW_I2C u8g2 (U8G2_R0, /* clock=*/ SCL, /* data=*/ SDA, /* reset=*/ U8X8_PIN_NONE);
```

删除对应选择的构造器设置前的双斜线，取消该注释行的双斜线注释，如下所示：

```
U8G2_SSD1306_128X64_NONAME_F_SW_I2C u8g2 (U8G2_R0, /* clock=*/ SCL, /* data=*/ SDA, /* reset=*/ U8X8_PIN_NONE);
```

（4）调试。

1）将 OLED 显示屏按图 8-5 与 WeMos D1 开发板连接。

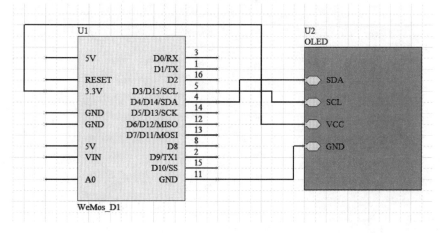

图 8-5 OLED 显示屏接线

2）下载程序到 WeMos D1 开发板。

3）观察 OLED 显示屏的显示内容。

4）更改 u8g2.drawStr（0，10," Hello World!"）语句坐标值和显示内容，或者替换输入下列语句：

```
u8g2.setFont(u8g2_font_ncenB14_tr);
u8g2.setCursor (0,15);
u8g2.print (" Hello World!");
```

5）重新编译、下载程序，观察 OLED 显示屏的显示内容的变化。

习题8

1. 简述 I^2C 总线的技术特点。

2. 简述 I^2C 总线产品的接线方法。

3. 如何让 OLED 显示字符 "Welcome myOLED"？

4. 如何让 OLED 显示直线、三角、四边形等线条图形？

项目九 物联网网络通信

学习目标

（1）了解 TCP Server 通信。
（2）了解 TCP Client 通信。
（3）了解 UDP 服务。
（4）学会远程控制硬件。
（5）学会寻找内网设备。
（6）了解局域网服务。

任务 19　TCP Server 通信

基础知识

一、网络通信基础

1. 因特网

因特网（Internet）是一组全球信息资源的总汇，是由于许多小的网络（子网）互联而成的一个逻辑网，每个子网中连接着若干台计算机主机或其他网络设备。Internet 以相互交流信息资源为目的，基于一些共同的协议，通过许多路由器和公共互联网，是一个信息资源和资源共享的集合。

2. TCP/IP 协议

为了便于用户间进行信息交流，因特网制定了一些共同的规则与标准，即 TCP/IP 协议。TCP/IP 包括 IP 协议、TCP 协议、HTTP 协议、FTP 协议、POP3 协议等。TCP/IP 协议是分层次的，称为 TCP/IP 模型，共分 4 个层次，分别是网络接口层、网络层、传输层和应用层。

3. IP 地址

IP 协议，即互联网协议（Internet protocol），它将多个网络连成一个互联网，可以把高层的数据以多个数据包的形式通过互联网分发出去。IP 的基本任务是通过互联网传送数据包，各个 IP 数据包之间是相互独立的。

IP 地址指互联网协议地址（Internet protocol address），是 IP 协议提供的统一地址格式，它为互联网上每一个网络或每一台主机分配一个逻辑地址，以此来区分不同类型计算机物理地址的差异。

IP 地址现在为两个版本，分别是 IPv4 和 IPv6。IPv4 版本的地址长度是 32 位，分为 4 段，每段 8 位，用十进制数表示，数字范围是 0 ~ 255，段与段之间使用句点隔开，如

192.168.2.3。IP 地址最多为 2^{32} 个，小于 43 亿个。随着互联网用户数据的激增，尤其是移动互联网的发展，越来越多的服务器和终端连入互联网，IP 地址数据就不够了，尤其物联网的发展，各种传感器和设备都会联网，IPv4 的地址就不够用了。为了适应物联网的发展需求，国际标准组织提出了 IPv6 标准，地址长度扩展到 128 位，可以让世界各物均联入互联网。

4. 端口

一台拥有 IP 地址的服务器主机可以许多服务，如网页浏览服务、文件传送服务、邮件服务等。主机通过端口来区分不同的网络服务，常用端口号与对应服务的关系，见表 9-1。

表 9-1　　　　　　　　　　　　　　常　用　端　口

端口	协议	作用
20	TCP	FTP 文件传送协议，数据端口
21	TCP	FTP 文件传送协议，控制端口
22	TCP	SSH 远程登录协议，登录和文件传送
23	TCP	Telnet 终端仿真协议，用于未加密文本通信
25	TCP	SMTP 简单邮件传输协议，电子邮件传输
53	TCP	DNS 域名解析协议，用于域名解析
80	TCP	HTTP 超文本传输协议，传输网页，Web 服务
110	TCP	POP3 邮局协议第 3 版，接收邮件
443	TCP	HTTPS 安全超文本传输协议，用于加密 HTTP 传输网页 Web 服务

5. TCP 通信

传输控制协议（TCP，transmission control protocol）是一种面向连接的、可靠的、基于字节流的传输层通信协议。

TCP 旨在适应支持多网络应用的分层协议层次结构。连接到不同但互连的计算机通信网络的主计算机中的成对进程之间依靠 TCP 提供可靠的通信服务。TCP 假设它可以从较低级别的协议获得简单的、可能不可靠的数据报服务。原则上，TCP 应该能够在从硬线连接到分组交换或电路交换网络的各种通信系统之上操作。

传输控制协议是为了在不可靠的互联网络上提供可靠的端到端字节流而专门设计的一个传输协议。

互联网络与单个网络有很大的不同，因为互联网络的不同部分可能有截然不同的拓扑结构、带宽、延迟、数据包大小和其他参数。TCP 的设计目标是能够动态地适应互联网络的这些特性，而且具备面对各种故障时的健壮性。

不同主机的应用层之间经常需要可靠的、像管道一样的连接，但是 IP 层不提供这样的流机制，而是提供不可靠的包交换。

应用层向 TCP 层发送用于网间传输的、用 8 位字节表示的数据流，然后 TCP 把数据流分区成适当长度的报文段，通常受该计算机连接的网络的数据链路层的最大传输单元（MTU）的限制。之后 TCP 把结果包传给 IP 层，由它来通过网络将包传送给接收端实体的 TCP 层。TCP 为了保证不发生丢包，就给每个包一个序号，同时序号也保证了传送到接收端实体的包的按序接收。然后接收端实体对已成功收到的包发回一个相应的确认（ACK）；如果发送端实体在合理的往返时延（RTT）内未收到确认，那么对应的数据包就被假设为已丢失将会被进行重传。TCP 用一个校验和函数来检验数据是否有错误；在发送和接收时都要计算校验和。

6. TCP 通信特点

TCP 是一种面向广域网的通信协议，目的是在跨越多个网络通信时，为两个通信端点之间提供一条具有下列特点的通信方式：基于流的方式；面向连接；可靠通信方式；在网络状况不佳的时候尽量降低系统由于重传带来的带宽开销；通信连接维护是面向通信的两个端点的，而不考虑中间网段和节点。

为满足 TCP 协议的这些特点，TCP 协议做了如下的规定：

（1）数据分片：在发送端对用户数据进行分片，在接收端进行重组，由 TCP 确定分片的大小并控制分片和重组。

（2）到达确认：接收端接收到分片数据时，根据分片数据序号向发送端发送一个确认。

（3）超时重发：发送方在发送分片时启动超时定时器，如果在定时器超时之后没有收到相应的确认，重发分片。

（4）滑动窗口：TCP 连接每一方的接收缓冲空间大小都固定，接收端只允许另一端发送接收端缓冲区所能接纳的数据，TCP 在滑动窗口的基础上提供流量控制，防止较快主机致使较慢主机的缓冲区溢出。

（5）失序处理：作为 IP 数据报来传输的 TCP 分片到达时可能会失序，TCP 将对收到的数据进行重新排序，将收到的数据以正确的顺序交给应用层。

（6）重复处理：作为 IP 数据报来传输的 TCP 分片会发生重复，TCP 的接收端必须丢弃重复的数据。

（7）数据校验：TCP 将保持它首部和数据的检验和，这是一个端到端的检验和，目的是检测数据在传输过程中的任何变化。如果收到分片的检验和有差错，TCP 将丢弃这个分片，并不确认收到此报文段，导致对端超时并重发。

二、TCP 服务器通信

1. 服务器-客户端服务模式

互联网将计算机联网，主要目的是提供信息服务。互联网的计算机通常分两类，一类是信息服务的响应者，称为服务器；另一类是信息服务的请求者，称为客户端。这种由服务器和客户端组成的网络架构，称为客户端-服务器模式。

用户上网浏览信息时，用户使用的手机或计算机就是客户端，网站的计算机就是服务器。当网页客户端向浏览器网站发送一个查询请求时，网站服务器就从其数据服务器查找该请求所对应数据信息，组成新网页发送给客户浏览器，提供信息服务。

2. Socket 通信

Socket 起源于 Unix，Unix/Linux 基本哲学之一就是"一切皆文件"，都可以用"打开（open）→读写（write/read）→关闭（close）"模式来进行操作。因此 Socket 也被处理为一种特殊的文件。

Socket 还可以认为是一种网络间不同计算机上的进程通信的一种方法，利用三元组（IP 地址、协议、端口）就可以唯一标识网络中的进程，网络中的进程通信可以利用这个标志与其他进程进行交互。

Socket 通信原理见图 9-1。

3. 客户端基本的流程

（1）创建 Socket（socket）；

（2）和服务器建立连接（connect）；

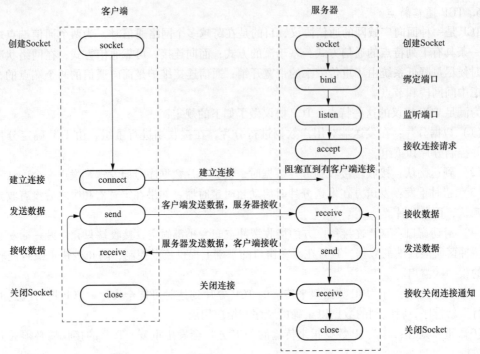

图 9-1   Socket 通信原理

（3）向服务器发送请求（write）；

（4）接受服务器端的数据（read）；

（5）关闭连接（close）。

4. 服务器端基本的流程

（1）创建 Socket（socket）；

（2）绑定端口（bind）；

（3）监听端口（listen）；

（4）等待客户端请求（客户端没有请求时阻塞）（accept）；

（5）接受客户端请求（read）；

（6）向客户端发送数据（write）；

（7）关闭 socket（close）。

5. HTTP 协议通信

HTTP 超文本传输协议是指用超链接的方法将各种不同空间的文字信息组织到一起而形成的网状文本，这里的文本信息包括文字、图片、音频、视频、文件等数据信息。

HTTP 的客户端一般是一个应用程序，通过连接服务器达到向服务器发送一个或多个 HTTP 请求的目的。

HTTP 的服务器同样是一个应用程序，通常是 Web 服务器程序，服务器通过接收客户端请求并向客户端发送 HTTP 响应数据信息。

HTTP 的访问由客户端发起，通过一种统一资源定位符（URL，uniform resource locator，如 www. sina. com. cn/）的标识来找到服务器，建立连接并传输数据。

6. ESP8266 的 TCP 通信

（1）ESP8266 的 TCP 通信功能。在 ESP8266 的应用中，通信都是通过 TCP 协议进行的。

通过编写和上传相应的程序，ESP8266可以分别实现TCP Server服务器和TCP Client客户端的功能。

（2）ESP8266的TCP服务器通信程序。

```
#include <ESP8266WiFi.h> //包含ESP8266Wi-Fi头文件
#define MAX_SRV_CLIENTS 1   //定义可连接的客户端数目最大值
const char* ssid = "601"; //输入用户连接的路由器Wi-Fi的ssid
const char* password = "a5671234"; //输入路由器Wi-Fi密码
WiFiServer server(80); //服务器端口设置为80
WiFiClient serverClients[MAX_SRV_CLIENTS]; //设定服务器客户端最大值
void setup() {
  Serial.begin(115200);//初始化串口波特率
  WiFi.begin(ssid, password); //连接Wi-Fi
  Serial.print("\nConnecting to ");
Serial.println(ssid);
  uint8_t i = 0; //定义局部变量i
  while(WiFi.status() != WL_CONNECTED && i++ < 16) delay(500);
  if (i == 16) {   //超时（16×500=10000，8s），提示连接失败
    Serial.print("Could not connect to"); //打印字符串
    Serial.println(ssid);//换行打印网络名
    while(1) delay(500); //延时等待
}
  server.begin();   //启动UART传输和服务器
  server.setNoDelay(true);//true表示禁用Nagle算法，合并一些小的消息
  Serial.print("Ready! Use telnet ");   //打印字符串Ready! Use telnet
  Serial.print(WiFi.localIP());//获得服务器本地IP地址
  Serial.println(" 80' to connect"); //换行打印字符串80 to connect
}
  void loop() {
  uint8_t i;
  //检测服务器端是否有活动的客户端连接
  if(server.hasClient()){
  for(i = 0; i < MAX_SRV_CLIENTS; i++) {
  //查找空闲或者断开连接的客户端，并置为可用
  if(!serverClients[i] ||!serverClients[i].connected()){
  if(serverClients[i]) serverClients[i].stop();
  serverClients[i] = server.available();
  Serial.print("New client: "); Serial.println(i);
  continue;
}
}
  //若没有可用客户端，则停止连接
  WiFiClient serverClient = server.available();
```

```
serverClient.stop();
}

//检查客户端的数据
for(i = 0; i < MAX_SRV_CLIENTS; i++) {
if (serverClients [i] && serverClients [i].connected ()) {
if (serverClients [i].available ()) {
while(serverClients[i].available()) //当 Telnet 客户端有数据
Serial.write(serverClients[i].read());//推送到 URAT 端口
}
}
}

//检查 UART 端口数据
if(Serial.available()){
size_t len = Serial.available ();//获取数据长度
uint8_t sbuf [len];    //设置数据数组
Serial.readBytes(sbuf, len);  //读取数据
//将 UART 端口数据推送到所有已连接的 telnet 客户端, 实现双向通信
for(i = 0; i < MAX_SRV_CLIENTS; i++) {
if (serverClients [i] && serverClients [i].connected ()) {
serverClients[i].write(sbuf, len); //数据推送到 telnet 客户端
delay(1);
}
}
}
}
}
```

7. Telnet

（1）Telnet 服务。Telnet 协议是 TCP/IP 协议族中的一员，是 Internet 远程登录服务的标准协议和主要方式。它使用户能够在本地计算机上完成远程主机工作。在终端使用者的计算机上使用 Telnet 程序，用它连接到服务器。终端使用者可以在 Telnet 程序中输入命令，这些命令会在服务器上运行，就像直接在服务器的控制台上输入一样。可以在本地就能控制服务器。要开始一个 Telnet 会话，必须输入用户名和密码来登录服务器。Telnet 是常用的远程控制 Web 服务器的方法。

（2）开启 Telnet 服务操作。Telnet 是常需要用到的远程登录与管理工具，在计算机上开启 Telnet 的操作步骤如下：

1）依次点击"开始"→"控制面板"→"程序"，打开程序设置对话框，见图 9-2。

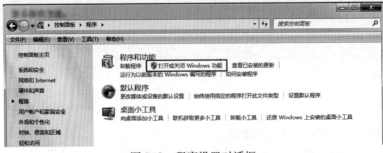

图 9-2　程序设置对话框

2）在程序设置对话框，找到并点击"打开或关闭 Windows 功能"进入 Windows 系统功能设置对话框。

3）找到并勾选"Telnet 客户端"和"Telnet 服务器"，见图9-3。

图9-3　Telnet 选项勾选

4）最后"确定"按钮，稍等片刻即可完成安装。

5）Windows7 系统下载的 Telnet 服务安装完成后，默认情况下是禁用的，还需要启动服务。点击 Windows7 桌面左下角的圆形开始按钮，在 Windows7 的万能搜索框中输入"服务"，从搜索结果中点击"服务"程序，进入 Windows7 的服务设置，见图9-4。

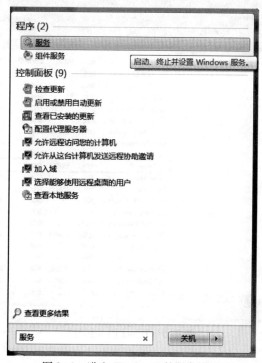

图9-4　进入 Windows7 的服务设置

6）在 Windows7 旗舰版的服务项列表中找到 Telnet，可以看到它的状态是被禁用的。

7）双击 Telnet 项或者从右键菜单选择"属性"，将"禁用"改为"手动"。

8）回到服务项列表，从 Telnet 的右键菜单中选择"启动"，启动 Telnet，见图 9-5。

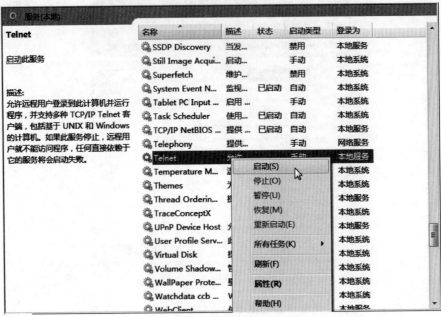

图 9-5　启动 Telnet

9）这样 Windows7 系统下载的 Telnet 服务就启动了，Telnet 服务属性见图 9-6。

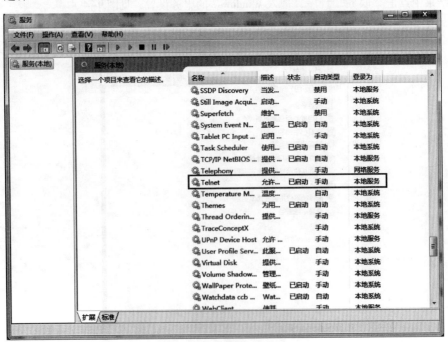

图 9-6　Telnet 服务属性

技能训练

一、训练目标

（1）了解 TCP Server。

（2）学会使用 Wi-Fi 的 TCP Server 服务器。

（3）学会调试 TCP 服务器程序。

二、训练步骤与内容

（1）建立一个工程。

1）在 E 盘 ESP8266 文件夹，新建一个文件夹 I01。

2）启动 Arduino 软件。

3）选择执行"文件"菜单下"New"新建一个项目命令，自动创建一个新项目，保存在 I001 项目文件。

（2）编写程序文件。在 I001 项目文件编辑区输入"ESP8266 的 TCP 服务器通信"程序，单击工具栏" 🖫 "保存按钮，保存项目文件。

（3）编译程序。

1）单击"工具"菜单下的"板"子菜单命令，在右侧出现的板选项菜单中选择"WeMos D1"。

2）单击"项目"菜单下的"验证/编译"子菜单命令，等待编译完成，在软件调试提示区，观看编译结果。

（4）调试。

1）下载程序到 WEMOS D1 开发板。

2）下载完成，打开串口调试器，查看 Wi-Fi 的 IP 地址。

3）在 Windows7 命令窗口输入"Telnet"，打开 Telnet 调试器，Telnet 调试器见图 9-7。

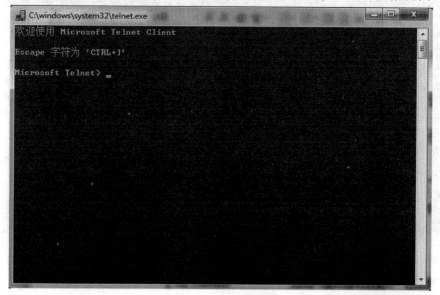

图 9-7 Telnet 调试器

4) 在 Telnet 调试器命令行输入 "open 192. 168. 3. 20 80", 打开连接, 见图9-8。

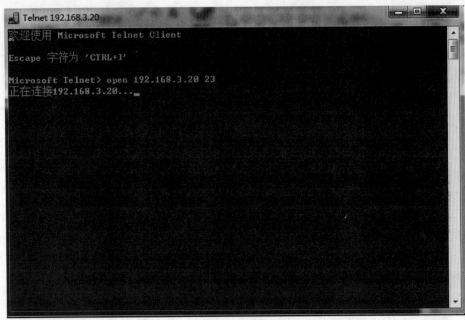

图9-8 打开连接

5) 在客户端输入 "HELLOW, I COME HERE TO TELNET YOU!", 客户端输入见图9-9。

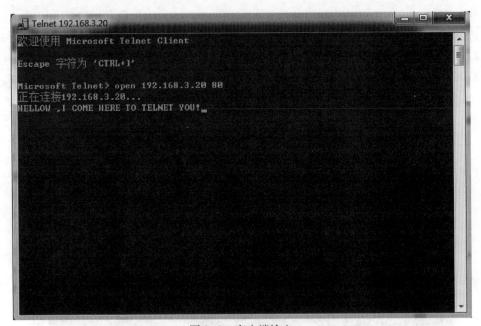

图9-9 客户端输入

6) 观察串口调试器监视窗口, 串口窗口显示内容见图9-10。

7) 在串口窗口输入栏, 输入 "HOW ARE YOU? ", 观察 Telnet 调试器显示的内容。

图9-10 串口窗口显示内容

任务20 TCP Client 通信

 基础知识

一、TCP Client

1. Tcp Client 为 TCP 网络服务提供客户端连接

TCP Client 类提供了一些简单的方法，用于在同步阻塞模式下通过网络来连接、发送和接收流数据。

为使 TCP Client 连接并交换数据，使用 TCP Protocol Type 创建的 TcpListener 或 Socket 必须侦听是否有传入的连接请求。可以使用下面两种方法之一连接到该侦听器：

（1）创建一个 TCP Client，并调用三个可用的 Connect 方法之一。

（2）使用远程主机的主机名和端口号创建 TCP Client。通过构造函数将自动尝试一个连接。

2. TCP Client 与 TCP Server 的区别

TCP Client 与 TCP Server 都属于 Socket 通信协议，TCP Client 与 TCP Server 通信，见图9-11，是兼容的消息通知的非阻塞异步模式。

TCP Server 服务器的特征：被动角色，等待来自客户端的连接请求，处理请求并回传结果。

TCP Server 服务器通信流程：创建 Socket（socket）；绑定端口（bind）；监听端口（listen）；等待客户端请求（客户端没有请求时阻塞）（accept）；接受客户端请求（receive）；向客户端

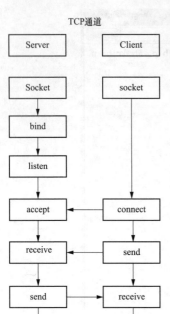

TCP通道

图 9-11　TCP Client 与
TCP Server 通信

发送数据（send）；关闭 socket（close）。

TCP Client 客户端的特征：主动角色，发送连接请求，等待服务器的响应。

TCP Client 客户端通信流程：创建 Socket（socket）；和服务器建立连接（connect）；向服务器发送请求（send）；接受服务器端的数据（receive）；关闭连接（close）。

二、TCP Client 通信

1. HTML 基础

（1）HTML。HTML（hyper text mark-up language）为超文本标记语言，是一种创建网页的主要的标记语言。HTML 包括一系列标签，通过这些标签可以将网络上的文档格式统一，使分散的 Internet 资源连接为一个逻辑整体。HTML 文本是由 HTML 命令组成的描述性文本，HTML 命令可以说明文字，图形、动画、声音、表格、链接等。

超文本是一种组织信息的方式，它通过超级链接方法将文本中的文字、图表与其他信息媒体相关联。这些相互关联的信息媒体可能在同一文本中，也可能是其他文件，或是地理位置相距遥远的某台计算机上的文件。这种组织信息方式将分布在不同位置的信息资源用随机方式进行连接，为人们查找，检索信息提供方便。

浏览网页时，每一个网页对应一个 HTML 文档，HTML 文件中的标签告诉 Web 浏览器如何在页面上显示内容。

编辑 HTML 的软件有很多，如 VSCode、notepad++、FrontPage、Dreamweaver、Sublime Text 等。

（2）HTML 文档的基本结构。HTML 的结构包括头部（head）、主体（body）两大部分，其中头部描述浏览器所需的信息，而主体则包含所要说明的具体内容。HTML 文档基本结构见图 9-12。

```
<html>
<head>
    <title>页面标题</title>
<head>
<body>
    <h1> 小标题</h1>
    <p> 段落 1　<p>
    <p> 段落 n　<p>
</body>
</html>
```

图 9-12　HTML 文档基本结构

HTML 文档是由 HTML 标签及其文本内容组成。

HTML 标签是由尖括号< >和其包围的关键字组成，如<head>、<body>等。

HTML 标签通常成对出现，如<body>和</body>。标签对中第一个 TML 标签是开始标签，末尾的结束标签。结束标签比开始标签多一条斜杠。

位于 HTML 文档第一行的是文档声明，向浏览器说明此文档是 HTML 文档。HTML 文档有多个版本，目前使用较多的是 HTML5 版本，声明格式为<! DOCTYPEhtml>。

<! -------><! ------->为注释标签，其中内容对 HTML 作注释说明，在浏览器中不显示。

<html>、</html>分别表示 HTML 网页的开始和结束。

<head>、</head>HTML 的头部，包括 HTML 文档属性数据，向网页添加 HTML 标题、脚本、样式等。

<body>、</body>为标记主体，主体包括文本、按钮、表格等页面内容。

（3）常用的 HTML 标签（见表9-2）。

表 9-2　　　　　　　　　　　　常用的 HTML 标签

标记	作用	示例	位置
<title>	页面标题	<title>页面标题</title>	头部
<h1> ~ <h6>	文本标题，后面跟着显示标题等级数据，数字越大，字体越小	<h1>ESP8266 Web Server</h1>	主体
<p>	段落，放置文本信息	<p>段落信息</p>	主体
<button>	按钮	<button>按钮文本</button>	主体
<a>	超链接，添加超链接	<a href="URL">链接文本</a>	主体
<meta>	元数据，向浏览器提供如何显示内容的信息，让页面适用不同的 Web 浏览器	<meta charset="UTF-8">	头部
 	插入一个简单的换行符	 	主体

（4）层叠样式表 CSS。层叠样式表 CSS（cascading style sheets）是一种用来表现 HTML 或 XML（标准通用标记语言的一个子集）等文件样式的计算机语言。CSS 不仅可以静态地修饰网页，还可以配合各种脚本语言动态地对网页各元素进行格式化。

CSS 能够对网页中元素位置的排版进行像素级精确控制，支持几乎所有的字体字号样式，拥有对网页对象和模型样式编辑的能力。

CSS 描述网页的某个部分，如特定标签或一组特定的标签，可以放在 HTML 文档内，也可放在 HTML 引用的单独文件中。

（5）HTML 样例。

1）LED1. html 文档样例。

```
<! DOCTYPEhtml>
<html><! --HTML 文档开始-->
  <head><! --头部开始-->
    <title>ESP8266 Web Server</title>
<meta charset="UTF-8">
<style>
html{
```

```
text-align:center;
}
</style>
    </head><! --头部结束-->
    <body><! --主体开始-->
<h2> MyESP8266 Web Server</h2>
<p> GPIO14-State  </p>
<p> <a href="LED1_ON" ><button>ON </button></a> </p>
<p> <a href=" LED1_OFF" ><button>OFF </button></a> </p>
</body><! --主体结束-->
</html><! --HTML 文档结束-->
```

将 HTML 样例文档保存为 LED1. html。

2）查看 LED1. html。右键单击 LED1. html，在弹出的右键菜单中选择执行"打开方式"菜单下的"Internet Explorer"子菜单命令，LED1. html 在浏览器中的显示，见图9-13。

图 9-13　LED1. html 在浏览器中的显示

2. ESP8266 的 TCP Client 客户端控制

TCP Client 主要是用来访问服务器的，很多可以通过外网访问的物联网设备主要就是工作在 TCP Client 客户端。设备主动去访问外部的服务器，与服务器建立连接，用户的 App 也是去访问这个服务器，这样变相实现了用户对设备的访问。

（1）TCP Client 的使用。

1）引用相关库#include <WiFi. h>或者#include <ESP8266WiFi. h>；

2）连上网；

3）声明 WiFiClient 对象，用于连接服务器；

4）使用 connect 方法连接服务器；

5）进行数据读写通信；

（2）连接服务器函数。

1）连接服务器。函数 connect 用于设置连接服务器。

```
client. connect(ip, port)
```

其中，ip 为所要连接的服务器地址。在定义参数 ip 的时候可使用 String、const char。

```
const char * ip = "192.168.4.1";
```

```
String ip = "www. examples. com";
```

Port 为所要连接的服务器端口号，允许使用 int 类型。

连接失败返回 0，连接成功返回 1。返回值数据类型是 bool 型。

2）停止客户端。Stop（）函数用于停止 ESP8266 连接 TCP 服务器。

```
client. stop()
```

3）停止小包合并发送。setNoDelay（）函数，用于与 TCP 服务器通信时，是否禁用 Nagle 算法。Nagle 算法的目的是通过合并一些小的发送消息，一次性发送所有的消息来减少通过网络发送的小数据包的 TCP/IP 流量。

```
client. setNoDelay(true);    //true 表示禁用 Nagle 算法，合并一些小的消息
client. setNoDelay(false);   //false 表示启用 Nagle 算法，消息直接发送
```

4）检查是否成功连接服务器。connected 函数用于检查设备是否成功连接服务器。

```
client. connected();
```

连接成功，返回值 1；连接失败，返回值 0。

5）获取客户端运行状态。status 函数用于获取设备与服务器的连接状态。

```
client. status();
```

返回值：

```
CLOSED = 0
LISTEN = 1
SYN_SENT = 2
SYN_RCVD = 3
ESTABLISHED = 4
FIN_WAIT_1 = 5
FIN_WAIT_2 = 6
CLOSE_WAIT = 7
CLOSING = 8
LAST_ACK = 9
TIME_WAIT = 10
```

（3）发送数据。

1）print 函数用于发送数据到已连接的服务器。print 函数与 println 函数功能十分相似。他们二者的区别是，println 函数会在发送的数据结尾增加一个换行符（'\n'），而 print 函数则不会。

```
client. print(val);
client. println(val);
```

val 为所要发送的数据，可以是字符串、字符或者数值。

返回值无。

2）write 函数可用于发送数据到已连接的服务器。用户可以发送单个字节的信息，也可以发送多字节的信息。

```
WiFiClient. write(val);
WiFiClient. write(str);
WiFiClient. write(buf, len);
```

val 为要发送的单字符数据；str 为要发送的多字符数据；buf 为要发送的多字符数组；len 为 buf 的字节长度。

返回值是写入发送缓存的字节数。

（4）Stream 类。

1）available。available（）函数可用于检查设备是否接收到数据。该函数将会返回等待读取的数据字节数。available（）函数属于 Stream 类。该函数可被 Stream 类的子类所使用，如 Serial、WiFiClient、File 等。

```
stream.available()
```

注：此处 stream 为概念对象名称。在实际使用过程中，需要根据实际使用的 stream 子类对象名称进行替换。

例如：

```
Serial.available()
wifiClient.available()
```

返回值为等待读取的数据字节数，返回值数据类型为 int。

2）read。read 函数可用于从设备接收到数据中读取一个字节的数据。本函数属于 Stream 类。该函数可被 Stream 类的子类所使用，如 Serial、WiFiClient、File 等。

```
stream.read()
```

注：此处 stream 为概念对象名称。在实际使用过程中，需要根据实际使用的 stream 子类对象名称进行替换。

```
Serial.read()
wifiClient.read()
```

3）readBytes。readBytes 函数可用于从设备接收的数据中读取信息。读取到的数据信息将存放在缓存变量中。该函数在读取到指定字节数的信息或者达到设定时间后都会停止函数执行并返回。该设定时间可使用 setTimeout 来设置。

```
stream.readBytes(buffer, length)
```

buffer 为缓存变量/数组，用于存储读取到的信息，允许使用 char 或者 byte 类型的变量或数组；length 为读取字节数量，readBytes 函数在读取到 length 所指定的字节数量后就会停止运行，允许使用 int 类型。

返回值是 buffer（缓存变量）中存储的字节数，数据类型为 size_t。

4）readBytesUntil。readBytesUntil（）函数可用于从设备接收到数据中读取信息。读取到的数据信息将存放在缓存变量中。该函数在满足以下任一条件后都会停止函数执行并且返回：读取到指定终止字符；读取到指定字节数的信息；达到设定时间（可使用 setTimeout 来设置）。

当函数读取到终止字符后，会立即停止函数执行。此时 buffer（缓存变量/数组）中所存储的信息为设备读取到终止字符前的字符内容。

```
stream.readBytesUntil(character, buffer, length)
```

character 为终止字符。用于设置终止函数执行的字符信息。设备在读取数据时一旦读取到此终止字符，将会结束函数执行。允许使用 char 类型。

buffer 为缓存变量/数组，用于存储读取到的信息，允许使用 char 或者 byte 类型的变量或数组；length 为读取字节数量，readBytes 函数在读取到 length 所指定的字节数量后就会停止运行，允许使用 int 类型；返回值是 buffer（缓存变量）中存储的字节数，数据类型为 size_t。

5）readString。readString（）函数可用于从设备接收到数据中读取数据信息，读取到的信息将以字符串格式返回。

```
stream.readString()
```

6）readStringUntil。readStringUntil 函数可用于从设备接收到的数据中读取信息，读取到的数据信息将以字符串形式返回。该函数在满足以下任一条件后都会停止函数执行并返回：读取到指定终止字符；当函数读取到终止字符后，会立即停止函数执行。

此时函数所返回的字符串为"终止字符"前的所有字符信息。达到设定时间（可使用 set-Timeout 来设置）。

　　Stream.readStringUntil(terminator)

Terminator 为终止字符，用于设置终止函数执行的字符信息。设备在读取数据时，一旦读取到此终止字符，将会结束函数执行。允许使用 char 类型。

7）find。find 函数可用于从设备接收到的数据中寻找指定字符串信息。当函数找到了指定字符串信息后将会立即结束函数执行并且返回"真"，否则将会返回"假"。

　　Stream.find(target)

Target 为被查找字符串。允许使用 string 或 char 类型。

返回值类型为 bool。

8）findUntil。findUntil 函数可用于从设备接收到的数据中寻找指定字符串信息。当函数找到了指定字符串信息后将会立即结束函数执行并且返回"真"，否则将会返回"假"。该函数在满足以下任一条件后都会停止函数执行：读取到指定终止字符串；找到了指定字符串信息；达到设定时间（可使用 setTimeout 来设置）。

　　Stream.findUntil(target, terminator)

Target 为被查找字符串，允许使用 string 或 char 类型。

Terminator 为终止字符串，用于设置终止函数执行的字符串信息。设备在读取数据时一旦读取到此终止字符串，将会结束函数执行并返回。

返回值类型为 bool。

9）peek。peek 函数可用于从设备接收到的数据中读取一个字节的数据。但是与 read 函数不同的是，使用 peek 函数读取数据后，被读取的数据不会从数据流中消除。这就导致每一次调用 peek 函数，只能读取数据流中的第一个字符。然而每一次调用 read 函数读取数据时，被读取的数据都会从数据流中删除。

```
stream.peek()
void loop() {
while(Serial.available()){                    // 当串口接收到信息后
char serialData = Serial.peek();          // 将接收到的信息使用 peek 读取
Serial.println((char)serialData);         // 然后通过串口监视器输出 peek 函数所读取的
信息
    }
}
```

10）flush。flush 函数可让开发板在所有待发数据发送完毕前，保持等待状态。为了更好地理解 flush 函数的作用，下面用 Serial.flush（）作为示例讲解。

当通过 Serial.print 或 Serial.println 来发送数据时，被发送的字符数据将会存储于开发板的"发送缓存"中。这么做的原因是开发板串行通信速率不是很高，如果发送数据较多，发送时间会比较长。

在没有使用 flush 函数的情况下，开发板不会等待所有"发送缓存"中数据都发送完毕再执行后续的程序内容。也就是说，开发板是在后台发送缓存中的数据。程序运行不受影响。

相反的，在使用了 flush 函数的情况下，开发板会等待所有"发送缓存"中数据都发送完毕以后，再执行后续的程序内容。

　　stream.flush()

11）parseInt。parseInt 函数可用于从设备接收到的数据中寻找整数数值。

```
stream. parseInt()
if(Serial. available()){          //当串口接收到信息后
  int serialData = Serial. parseInt(); //使用 parseInt 查找接收到的信息中的整数
   Serial. print("serialData = ");        //然后通过串口监视器输出找到的数值
   Serial. println(serialData);
```

12）parseFloat。parseFloat 函数可用于从设备接收到的数据中寻找浮点数值。

```
stream. parseFloat()
```

返回值是在输入信息中找到浮点数值，类型为 float。

13）setTimeout。setTimeout 函数用于设置设备等待数据流的最大时间间隔。当设备接收数据时，是以字符作为单位来逐个字符执行接收任务。由于设备无法预判即将接收到的信息包含有多少字符，因此设备会设置一个等待时间。默认情况下，该等待时间是 1000ms。

如果要向设备发送一个字符串 "ok"，那么设备在接收到第一个字符 "o" 以后，会等待第二个字符的到达。假如在 1000ms 内，设备接收到第二个字符 "k"，那么设备会重置等待时间，也就是再等待 1000ms，看一看字符 "k" 后面还有没有字符到达。虽然我们知道发给设备的字符串只有两个字符，后面没有更多字符了，但是设备并不知道这一情况。因此设备在接收到 "k" 以后，会等待 1000ms。若直到 1000ms 等待时间结束都没有再次接收到字符，设备才会很肯定地结束这一次接收工作。在这过程中，这个的 1000ms 等待时间就是通过 setTimeout 函数来设置的。

```
stream. setTimeout(time)
```

time 为设置最大等待时间，单位为 ms，允许类型为 long。

```
void setup() {
 Serial. begin(9600);
 Serial. setTimeout(5000);
}
```

14）清除缓存区。

```
void loop() {
// 以下 while 循环语句将会清除接收缓存内容。
// 具体工作原理是这样的。每当有数据输入接收缓存后，
// 我们可以使用 Serial. read () 来读取接收缓存中的内容。
// 这时，如果我们对 Serial. read () 函数的返回值不加以任何利用，
// 那么读取到的数据，也就是 Serial. read () 函数的返回值将会在
// 下一次执行 Serial. read 时所抛弃。利用 while 循环语句，我们可以
// 保证在接收缓存中有数据的时候，反复将串口接收缓存中的信息读取并抛弃。
// 从而达到清除接收缓存的目的。
while(Serial. available()){
 Serial. println("Clearing Serial Incoming Buffer. ");
 Serial. read();
}
// 当接收缓存为空时，Serial. read 返回值为 "-1"
// 通过以下语句我们将看到无论我们是否通过串口监视器
// 输入信息，开发板的串口监视器会一直输出：
```

```
// "Incoming Buffer is Clear. "
// 这是因为接收缓存中的信息被以上 while 语句中的内容给清除掉了。
if (Serial. read( ) = = -1){
  Serial. println("Incoming Buffer is Clear. ");
 }
}
```

（5）服务器检测客户端访问。server. hasClient（）函数用于检查是否有客户端访问 ESP8266 开发板所建立的网络服务器。

3. ESP8266 的 TCP Client 通信程序

首先连接 Wi-Fi 热点，然后与服务器建立连接，连接成功，向服务器发送请求、接受服务器端的数据。

```
#include <ESP8266WiFi. h>
const char* ssid  = "601";      //改成你自己的 ssid
const char* password  = "19871224";//改成你自己的 Wi-Fi 密码
const char* serverIP  = "115.29.109.104";
int serverPort = 6535;
WiFiClient myclient; //实例化一个客户端
String ReceLine = "";
void setup( ) {
  Serial. begin(115200);
  delay(10);
  Serial. println( );
  Serial. println( );
  Serial. print("Connecting to ");
  Serial. println(ssid);
  WiFi. begin(ssid, password);
  while(WiFi. status( ) ! = WL_CONNECTED) {
    delay (500);
    Serial. print (" .");
  }
  Serial. println ("");
  Serial. println (" WiFi connected");
  Serial. println (" IP address: ");
  Serial. println (WiFi. localIP ());
}
void loop ( ) {
  if (myclient. connect (serverIP, serverPort)) //尝试访问目标地址
  {
  Serial. println("Connection ok ");
  while(myclient. connected( ) ||myclient. available())
//如果已连接或有收到的未读取的数据
  {
  if(myclient. available()) //如果有数据可读取
```

```
{
String line = myclient. readStringUntil('\n'); //读取数据到换行符
Serial. print("Read data:");//打印 Read data：
Serial. println(line);
myclient. write(line. c_str ()); //将收到的数据回传
}
}
Serial. println("Close current connection");//换行打印 Close current connection
myclient. stop(); //关闭客户端
}
else
{
    Serial. println("Connection failed");//换行打印 Connection failed
    myclient. stop(); //关闭客户端
}
delay(3000);
}
```

技能训练

一、训练目标

（1）了解 TCP Client 通信原理。
（2）学会使用 Wi-Fi 的 TCP Client 客服端通信。
（3）学会调试 TCP Client 程序。

二、训练步骤与内容

（1）建立一个工程。
1）在 E 盘 ESP8266 文件夹，新建一个文件夹 I02。
2）启动 Arduino 软件。
3）选择执行"文件"菜单下"New"新建一个项目命令，自动创建一个新项目，保存在 I002 项目文件。
（2）编写程序文件。在 I002 项目文件编辑区输入"ESP8266 的 TCP Client 通信"程序，单击工具栏"💾"保存按钮，保存项目文件。
（3）编译程序。
1）单击"工具"菜单下的"开发板"子菜单命令，在右侧出现的板选项菜单中选择"WeMos D1"。
2）单击"项目"菜单下的"验证/编译"子菜单命令，等待编译完成，在软件调试提示区，观看编译结果。
（4）调试。
1）下载程序到 WeMos D1 开发板。
2）下载完成，打开串口调试器，查看连接的 Wi-Fi 的 IP 地址与状态。
3）安装一个 TCP 测试工具软件。

4）打开 TCP 测试工具软件，测试 TCP Client 客服端通信：①在客服端模式下，输入服务器地址、端口号；②单击"打开"，连接指定的服务器；③连接成功，在数据发送区输入"I LOVE TCP"；④单击发送按钮，观察客户端数据发送，见图 9-14；⑤查看串口监视区的显示内容，见图 9-15。

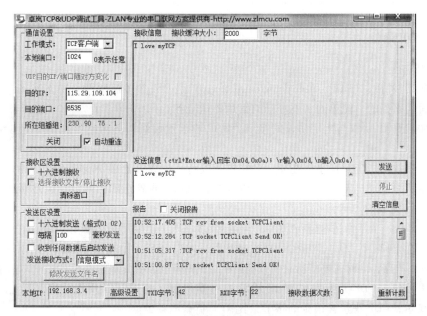

图 9-14 观察客户端数据发送

图 9-15 查看串口监视区的显示内容

5）Telnet 调试客户端：①在计算机命令行输入"Telnet"，启动 Telnet 调试器；②在计算机上打开服务器，创建一个新客户端；③通过计算机输入信息，观察串口输出。

任务 21　UDP 服务

 基础知识

一、UDP 通信

1. UDP

用户数据报协议（UDP，user datagram protocol）是 OSI 参考模型中一种无连接的传输层协议，提供面向事务的、简单的、不可靠的信息传送服务。

UDP 协议是 IP 协议与上层协议的接口。UDP 协议适用端口分辨运行在同一台设备上的多个应用程序。

由于大多数网络应用程序都在同一台机器上运行，计算机上必须能够确保目的地机器上的软件程序能从源地址机器处获得数据包，以及源计算机能收到正确的回复。这是通过使用 UDP 的"端口号"完成的。

例如，如果一个工作站希望在 STA 工作站 128.1.123.1 上使用域名服务系统，它就会给数据包一个目的地址 128.1.123.1，并在 UDP 头插入目标端口号 53。源端口号标识了请求域名服务的本地机的应用程序，同时需要将所有由目的站生成的响应包都指定到源主机的这个端口上。

与 TCP 不同，UDP 并不提供对 IP 协议的可靠机制、流控制以及错误恢复功能等。由于 UDP 比较简单，UDP 头包含很少的字节，比 TCP 负载消耗少。

UDP 适用于不需要 TCP 可靠机制的情形，如高层协议或应用程序提供错误和流控制功能时。

UDP 是传输层协议，服务于很多知名应用层协议，包括网络文件系统（NFS）、简单网络管理协议（SNMP）、域名系统（DNS）及简单文件传输系统（TFTP）。

2. UDP 协议的特点

UDP 协议使用 IP 层提供的服务，它把从应用层得到的数据从一台主机的某个应用程序传给网络上另一台主机上的某一个应用程序。

UDP 协议的特点：

（1）UDP 传送数据前并不与对方建立连接，即 UDP 是无连接的，在传输数据前，发送方和接收方相互交换信息使双方同步。

（2）UDP 不对收到的数据进行排序，在 UDP 报文的首部中并没有关于数据顺序的信息（如 TCP 所采用的序号），而且报文不一定按顺序到达的，所以接收端无从排起。

（3）UDP 对接收到的数据报不发送确认信号，发送端不知道数据是否被正确接收，也不会重发数据。

（4）UDP 传送数据较 TCP 快速，系统开销也少。

UDP 提供的是无连接的、不可靠的数据传送方式，是一种尽力而为的数据交付服务。

3. UDP 与 TCP 的比较

（1）TCP 提供面向连接的传输，通信前要先建立连接；UDP 提供无连接的传输，通信前不需要建立连接。

（2）TCP 提供可靠的传输（有序、无差错、不丢失、不重复）；UDP 提供不可靠的传输。

（3）TCP 面向字节流的传输，因此它能将信息分割成组，并在接收端将其重组；UDP 是面向数据报的传输，没有分组开销。

（4）TCP 提供拥塞控制和流量控制机制；UDP 不提供拥塞控制和流量控制机制。

4. UDP 服务分类

使用 UDP 协议进行信息的传输之前不需要建议连接。换句话说就是，客户端向服务器发送信息，客户端只需要给出服务器的 IP 地址和端口号，然后将信息封装到一个待发送的报文中并且发送出去。至于服务器端是否存在，或者能否收到该报文，客户端根本不用管。

单播用于两个主机之间的端对端通信，广播用于一个主机对整个局域网上所有主机上的数据通信。单播和广播是两个极端，要么对一个主机进行通信，要么对整个局域网上的主机进行通信。实际情况下，经常需要对一组特定的主机进行通信，而不是整个局域网上的所有主机，这就是多播的用途。

广播 UDP 与单播 UDP 的区别就是 IP 地址不同。

广播使用广播地址 255.255.255.255，将消息发送到在同一广播网络上的每个主机。值得强调的是，本地广播信息不会被路由器转发，如果路由器转发了广播信息则会引起网络瘫痪。

广播地址通常用于在网络游戏中处于同一本地网络的玩家之间交流状态信息等。

广播是要指明接收者的端口号的，因为不可能接受者的所有端口都来收听广播。

多播，也称为"组播"，将网络中同一业务类型主机进行了逻辑上的分组，进行数据收发的时候其数据仅仅在同一分组中进行，其他的主机没有加入此分组不能收发对应的数据。

在广域网上广播的时候，其中的交换机和路由器只向需要获取数据的主机复制并转发数据。主机可以向路由器请求加入或退出某个组，网络中的路由器和交换机有选择地复制并传输数据，将数据仅仅传输给组内的主机。多播的这种功能，可以一次将数据发送到多个主机，又能保证不影响其他不需要（未加入组）的主机的其他通信。

相对于传统的一对一的单播，组播具有如下的优点：

（1）具有同种业务的主机加入同一数据流，共享同一通道，节省了带宽和服务器的优点，具有广播的优点而又没有广播所需要的带宽。

（2）服务器的总带宽不受客户端带宽的限制。由于组播协议由接收者的需求来确定是否进行数据流的转发，所以服务器端的带宽是常量，与客户端的数量无关。

（3）与单播一样，多播是允许在广域网即 Internet 上进行传输的，而广播仅仅在同一局域网上才能进行。

组播的缺点：

（1）多播与单播相比没有纠错机制，当发生错误的时候难以弥补，但是可以在应用层来实现此种功能。

（2）组播的网络支持存在缺陷，需要路由器及网络协议栈的支持。

（3）组播的应用主要有网上视频、网上会议等。

二、ESP8266 的 UDP 通信服务

1. ESP8266 的 UDP 通信实验

（1）连接 Wi-Fi；

（2）开通 UDP 通信端口；

（3）接收 UDP 客户端数据；

（4）查看串口窗口显示。

2. ESP8266 的 UDP 通信程序

```
#include <ESP8266WiFi.h>    //包含 ESP8266WiFi 头文件
#include <WiFiUdp.h>    //包含 WiFiUdp 头文件
#define MAX_PACKETSIZE 512    //定义 udp 包最大字节数
WiFiUDP udp;        //实例化一个 UDP
const char* ssid = "601";    //改成你自己 Wi-Fi 的 ssid
const char* password="a1231224";//改成你自己的 Wi-Fi 密码
char buffUDP[MAX_PACKETSIZE];    //声明 udp 包缓冲区
void startUDPSer(int port)    //开启 UDP 服务函数
{
  Serial.print("\r\nStartUDPServer at port:");
  Serial.println(port);
  udp.begin(port);
}
void sendUDP(char * p)    //发送 UDP 数据
{
  udp.beginPacket(udp.remoteIP(), udp.remotePort());
  udp.write(p);
udp.endPacket();
}
void UdpSerTick()
{
  int packetSize = udp.parsePacket();    //获取数据包大小
  if(packetSize)
{
    Serial.print("Received packet of size ");    //打印字符串 Received packet of size
    Serial.println(packetSize);        //换行打印数据大小
    Serial.print("From ");
    IPAddress remoteIP = udp.remoteIP();    //获取远程 IP 地址
    for(int i = 0; i < 4; i++) {    //允许做多 4 个 UDP 客户端连接
      Serial.print(remoteIP[i], DEC);    //串口打印十进制数远程 IP
      if(i < 3) Serial.print(".");
      }
    Serial.print(", port ");        //打印字符串 port
    Serial.println(udp.remotePort());    //打印远程 IP 对应 UDP 的端口
    memset(buffUDP, 0x00, sizeof(buffUDP));    //初始化 UDP 缓冲区
    udp.read(buffUDP, MAX_PACKETSIZE - 1);    //读取 UDP 缓冲区数据
    udp.flush();    //丢弃已写入客户端但尚未读取的所有字节，防数据堆叠
    Serial.println("Recieve:");    //换行打印 Recieve：
    Serial.println(buffUDP);    //换行打印缓冲区数据
    sendUDP(buffUDP);    //客户端回显
  }
```

```
}
void setup( ) {
  Serial.begin(115200);      //设置串口波特率
  Serial.println("Started ");  //换行打印 Started
  WiFi.disconnect( );         //断开 Wi-Fi 连接
  WiFi.begin( ssid, password);    //连接 Wi-Fi
  Serial.print("\nConnecting to ");  //打印 Connecting to
  Serial.println(ssid);         //打印 Wi-Fi 的识别名
  uint8_t i = 0;
  while(WiFi.status( ) ! = WL_CONNECTED && i++ < 20)  //判断连接不成功的状态时间
    delay (500);
  if(i == 21) {  //10s 没连上，就打印 Could not connect to
Serial.print("Could not connect to");
Serial.println(ssid);
while(1) delay(500);
  }
  Serial.println(WiFi.localIP());  //连接成功，打印 Wi-Fi 的 IP
  startUDPSer(6060);          //开启 UDP 通信端口
}
void loop( ) {
  UdpSerTick( );  //接收 Udp 数据，并打印输出
  delay(1);
}
```

技能训练

一、训练目标

（1）了解 UDP 通信原理。

（2）学会使用 UDP 客服端通信。

（3）学会调试 UDP 通信程序。

二、训练步骤与内容

（1）建立一个工程。

1）在 E 盘 ESP8266 文件夹，新建一个文件夹 I03。

2）启动 Arduino 软件。

3）选择执行"文件"菜单下"New"新建一个项目命令，自动创建一个新项目，保存在 I003 项目文件。

（2）编写程序文件。在 I003 项目文件编辑区输入"ESP8266 的 UDP 通信"程序，单击工具栏"💾"保存按钮，保存项目文件。

（3）编译程序。

1）单击"工具"菜单下的"板"子菜单命令，在右侧出现的板选项菜单中选择"WeMos D1"。

2）单击"项目"菜单下的"验证/编译"子菜单命令，等待编译完成，在软件调试提示

区，观看编译结果。

（4）调试。

1）下载程序到 WeMos D1 开发板。

2）下载完成，打开串口调试器，查看连接的 Wi-Fi 的 IP 地址与状态，见图 9-16。

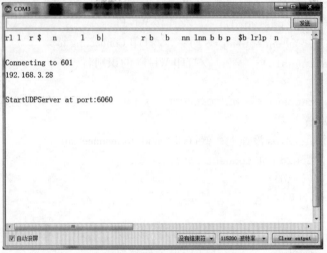

图 9-16　查看连接的 Wi-Fi

3）打开 TCP 测试工具软件，测试 UDP 客服端通信：①在 UDP 客服端模式下，输入服务器地址、端口号和本地 UDP 端口号（1030）；②单击"打开"，连接指定的 UDP 服务器；③连接成功，在数据发送区输入"I like the UDP"；④单击发送按钮，观察 UDP 客户端数据发送，见图 9-17；⑤新建一个客户端，本地端口设置为 1024；⑥单击"打开"，连接指定的 UDP 服务器；⑦连接成功，在数据发送区输入"You like the myUDP"；⑧单击发送按钮，观察 UDP 客户端数据发送；⑨查看串口监视区的显示内容，见图 9-18。两个 UDP 客户发送的信息，均显示在串口监视区。

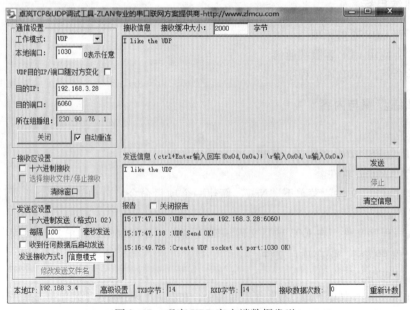

图 9-17　观察 UDP 客户端数据发送

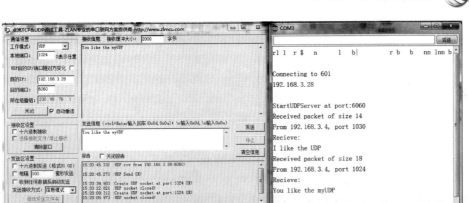

图 9-18 查看串口监视区的显示内容

任务 22 客户端远程控制硬件

 基础知识

一、物联网远程控制

建立在无线通信技术基础上的物联网真正实现了万物互联，并凭借智能控制、远程控制的工作方式为用户智能化提供了技术服务。

远程控制是建立在 Wi-Fi 技术、蓝牙技术等无线通信技术的基础上，将智能系统、控制系统进行连接，最终实现数据的远程传输与设备的无线控制。即使在异地也可以轻松管理设备，实现全自动化，让用户的生活智能化。

远程控制的工作原理：从远程控制的定义中，就能够看得出来，远程控制实际上是建立在网络和数据的基础上，用户通过手机或网络以无线形式读取设备的状态数据，并结合自己的实际需求，借助无线网络来给内置设备中的无线模块（Wi-Fi 模块/蓝牙模块）发送指令，完成动作，如远程温度调整、远程智能门锁的开关等。

二、ESP8266Wi-Fi 的远程控制

1. ESP8266Wi-Fi 远程控制的优点

基于 ESP8266Wi-Fi 模块的远程控制优点：安装接线简单；控制灵活，突破时间、空间的限制，可以进行远程控制，使用方便；功耗小，成本可控。

2. 客户端远程控制程序

```
#include <ESP8266WiFi.h>
#define LED 14
const char* ssid = "601";        //用户连接 Wi-Fi 的 ssid
const char* password = "a1221234"; //用户连接 Wi-Fi 密码
const char* serverIP = "115.29.109.104";  //服务器的 IP
int serverPort = 6598;  //服务器的端口号
WiFiClient client;  //创建一个客户端
```

```
bool bConnected = false;   //连接标志
char buff[512];    //数据缓冲区
int nm = 0;    //整数变量 nm
void setup() {
delay(100);
Serial.begin(115200);
Serial.println("Startup");
pinMode(LED, OUTPUT);    //设置 LED 端为输出
WiFi.mode(WIFI_STA);        //设置 Wi-Fi 模式为 STA
WiFi.begin(ssid, password);   //连接 Wi-Fi
while(WiFi.status() ! = WL_CONNECTED) {   //等待 Wi-Fi 连接成功
    delay(500);
Serial.print(".");
}
Serial.println("");
Serial.println("WiFi connected");   //换行打印 WiFi connected
Serial.println("IP address: ");   //换行打印 IP address：
Serial.println(WiFi.localIP());   //换行打印 IP 地址
}
void loop() {
ClientToServer();   //客户端服务
}
void ClientToServer(){
if(bConnected == false)   //如果从服务器断开或者连接失败，则重新连接
{
if(! client.connect(serverIP, serverPort))   //如果连接失败
{
Serial.println("connection failed");   //换行打印 connection failed
delay(5000);    //延时 5s，返回
return;
}
bConnected = true;   //连接成功，标志位置位为 true
Serial.println("connection ok");   //换行打印 connection ok
}
else if(client.available())   //如果有数据到达
{
while(client.available())   //接收数据
{
buff[nm++] = client.read();   //读取数据到缓冲区
if(nm >= 511) break; }
buff[nm] = 0x00;
nm=0;
Serial.println(buff);    //打印数据到串口
```

```
if( buff[0]=='A'  ) {        //如果缓冲区第一个数据是 A
digitalWrite(LED, HIGH);    //收到数据 A，打开 LED
Serial.println("LED is ON");    //输出数据 LED is ON
 }
else if( buff[0]=='C'  )      //接着判断，如果缓冲区第一个数据是'C'
{
digitalWrite(LED, LOW);      //收到数据 C，关闭 LED
Serial.println("LED is OFF");    //输出数据 LED is OFF
}
client.flush();    //丢弃已写入客户端但尚未读取的字节
}
if(client.connected()==false ) {  //如果连接不成功
Serial.println();
Serial.println("disconnecting.");  //换行打印 disconnecting
bConnected = false;        //标志位复位为 false
}
if(Serial.available()&&bConnected){  //检查 UART 端口数据
size_t  len = Serial.available ();    //读取数据长度
uint8_t  sbuf [len];      //定义一个数组变量
Serial.readBytes(sbuf, len);    //读取数据
client.write(sbuf, len);      //将 UART 端口数据推送到服务器，实现双向通信
}
}
```

⚙ 技能训练

一、训练目标

（1）了解远程控制原理。

（2）学会使用客服端远程控制。

（3）学会调试客服端远程控制程序。

二、训练步骤与内容

（1）建立一个工程。

1）在 E 盘 ESP8266 文件夹，新建一个文件夹 I04。

2）启动 Arduino 软件。

3）选择执行"文件"菜单下"New"新建一个项目命令，自动创建一个新项目，保存在 I004 项目文件。

（2）编写程序文件。在 I004 项目文件编辑区输入"客户端远程控制"程序，单击工具栏"💾"保存按钮，保存项目文件。

（3）编译程序。

1）单击"工具"菜单下的"板"子菜单命令，在右侧出现的板选项菜单中选择"WeMos D1"。

2）单击"项目"菜单下的"验证/编译"子菜单命令，等待编译完成，在软件调试提示区，观看编译结果。

（4）调试。

1）下载程序到 WeMos D1 开发板。

2）下载完成，打开串口调试器，查看连接的 Wi-Fi 的 IP 地址与状态。

3）打开 TCP 测试工具软件，测试客服端控制：①在 TCP 客服端模式下，输入服务器地址、端口号；②单击"打开"，连接指定的客服端服务器；③连接成功，在数据发送区输入"A"，单击发送按钮，观察客户端数据发送，WeMos D1 开发板 LED 指示灯状态；④在数据发送区输入"C"，单击发送按钮，观察客户端数据发送，WeMos D1 开发板 LED 指示灯状态；⑤在数据发送区输入"B"，数据区输入，见图 9-19，单击发送按钮，观察客户端数据发送，WeMos D1 开发板 LED 指示灯状态；⑥查看串口监视区的显示内容，见图 9-20。

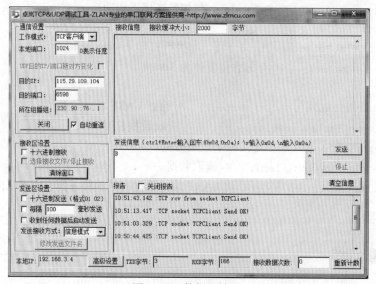

图 9-19　数据区输入

图 9-20　查看串口监视区的显示内容

任务 23　Wi-Fi 扫描

 基础知识

一、如何发现周边的 Wi-Fi 热点

打开手机或智能设备 Wi-Fi 设置，在无线局域网的搜索中，可以发现非常多的 Wi-Fi 热点，它们会列表显示出来，不仅显示 Wi-Fi 名，还会显示 Wi-Fi 信号强度，以及是否加密。选择你关注的热点，无密码的可以直接使用；需要连接密码的，输入密码就可以使用。

二、ESP8266 扫描列表 Wi-Fi 热点

通过 ESP8266 扫描程序，可以发现 ESP8266 模块周边可以使用 Wi-Fi 热点。将扫描到的 Wi-Fi 通过列表显示出来，显示 Wi-Fi 名，同时显示 Wi-Fi 信号强度等。

Wi-Fi 扫描程序清单：

```
/* 本程序演示如何扫描 Wi-Fi 网络。*/
#include "ESP8266WiFi.h"
void setup() {
  Serial.begin(115200);   //初始化串口波特率
  WiFi.mode(WIFI_STA);    // 将 Wi-Fi 设置为站点模式
  WiFi.disconnect();  //断开 AP 连接
  delay(100);    //延时 100ms
  Serial.println("Setup done");   //换行打印 Setup done
}
void loop() {
  Serial.println("scan start");   //换行打印 scan start
  int n = WiFi.scanNetworks();    //WiFi.scanNetworks 将返回发现与 AP 断开连接的网
络的数量
  Serial.println("scan done");    //换行打印 scan done
  if(n == 0)                       //如果 n=0
    Serial.println("no networks found");  //换行打印
  else                             //否则
  {
    Serial.print(n);                       //串口打印 n
    Serial.println(" networks found");  //换行打印 networks found
    for(int i = 0; i < n; ++i)
    {
      //为找到的每个网络打印 SSID 和 RSSI
      Serial.print(i + 1);
      Serial.print(": ");
      Serial.print(WiFi.SSID(i));
      Serial.print(" (");
```

```
    Serial.print(WiFi.RSSI(i));
    Serial.print(")");
    Serial.println((WiFi.encryptionType(i) == ENC_TYPE_NONE)?" ":" * ");
    delay (10);
    }
  }
  Serial.println ("");    //换行打印一空行
  delay(5000);   // 延时5000ms，再重新扫描
}
```

⚙ 技能训练

一、训练目标

（1）了解 Wi-Fi 扫描。

（2）学会使用 Wi-Fi 扫描查找设备周边热点。

（3）学会调试 Wi-Fi 扫描程序。

二、训练步骤与内容

（1）建立一个工程。

1）在 E 盘 ESP8266 文件夹，新建一个文件夹 I05。

2）启动 Arduino 软件。

3）选择执行"文件"菜单下"New"新建一个项目命令，自动创建一个新项目，保存在 I005 项目文件。

（2）编写程序文件。在 I005 项目文件编辑区输入"WiFi 扫描控制"程序，单击工具栏 "💾" 保存按钮，保存项目文件。

（3）下载调试程序。

1）单击"项目"菜单下的"验证/编译"子菜单命令，等待编译完成，在软件调试提示区，观看编译结果。

2）下载程序到 WeMos D1 开发板。

3）下载完成，打开串口调试器，查看 Wi-Fi 扫描显示内容，Wi-Fi 扫描结果见图 9-21。

图 9-21　Wi-Fi 扫描结果

任务 24　mDNS 服务

一、多播 mDNS

1. mDNS

在计算机网络中，多播 mDNS（multicast DNS）协议将主机名解析为不包含本地名称服务器的小型网络中的 IP 地址。它是一种零配置服务，使用与单播域名系统（DNS）基本相同的编程接口，数据包格式和操作语义。

mDNS 在没有传统 DNS 服务器的情况下使局域网内的主机实现相互发现和通信，使用端口为 5353，遵从 DNS 协议，使用现有的 DNS 信息结构、名语法和资源记录类型，并且没有指定新的操作代码或响应代码。在局域网中，设备和设备间的相互通信需要知道对方的 IP 地址，大多数情况，设备的 IP 不是静态 IP 地址，而是通过 DHCP 协议动态分配的 IP 地址，mDNS 能够帮助设备发现局域网内其他设备的 IP 地址。

例如：现在物联网设备和 App 之间的通信，要么 App 通过广播，要么通过组播，发一些特定信息，感兴趣设备应答，实现局域网设备的发现，当然 mDNS 比这强大。

2. mDNS 工作原理

mDNS 在 IP 协议里规定了一些保留地址，其中有一个是 224.0.0.251，对应的 IPv6 地址是〔FF02::FB〕。mDNS 协议规定的端口为 5353，而 DNS 的端口是 53。

mDNS 基于 UDP 协议。DNS 一般也是基于 UDP 协议的，但是也可以使用 TCP 协议。

如果理解了 DNS 协议，再去理解 mDNS 协议就很简单了，两者区别只是 mDNS 一般作用在一个局域网内的，有特定的 IP 地址，也就是 224.0.0.251，有特定的端口 5353。mDNS 的作用是实现局域网内的服务发现、查询、注册，DNS 作用是实现域名的解析，两者作用大致相同。

每个进入局域网的主机，如果开启了 mDNS 服务的话，都会向局域网内的所有主机组播一个消息，我是谁，以及我的 IP 地址是多少。然后其他也有该服务的主机就会响应，也会告诉你，它是谁，它的 IP 地址是多少。当然，具体实现要比这个复杂点。

例如，A 主机进入局域网，开启了 mDNS 服务，并向 mDNS 服务注册以下信息：我提供 FTP 服务，我的 IP 是 192.168.1.101，端口是 21。当 B 主机进入局域网，并向 B 主机的 mDNS 服务请求，我要找局域网内 FTP 服务器，B 主机的 mDNS 就会去局域网内向其他的 mDNS 询问，并且最终告诉你，有一个 IP 地址为 192.168.1.101，端口号是 21 的主机，也就是 A 主机提供 FTP 服务，所以 B 主机就知道了 A 主机的 IP 地址和端口号了。

随着联网设备变得更小、更便携和更普遍，使用配置较少的基础设施进行操作的能力变得越来越重要。特别是，在没有传统的托管 DNS 服务器的情况下查找 DNS 资源记录数据类型（包括但不限于主机名）的能力是有用的。

多播 DNS（mDNS）提供在没有任何传统单播 DNS 服务器的情况下在本地链路上执行类似 DNS 的操作的能力。此外，多播 DNS 指定 DNS 名称空间的一部分可供本地使用，无须支付任何年费，也无须设置授权或以其他方式配置传统 DNS 服务器来回答这些名称。

多播 DNS 名称的主要优点是：

（1）它几乎不需要管理或配置来设置；

（2）它在没有基础设施时工作；

（3）它在基础设施故障期间工作。

二、ESP8266 的多播服务

1. 在 ESP8266 上使用本地网络中的 mDNS

在 ESP8266 中使用 ESP 作为 Web 服务器时，很难记住 ESP8266 的 IP 地址，且在 DHCP 模式下很难识别 ESP 的 IP 地址，即 Wi-Fi 路由器为 ESP8266 分配 IP 地址。大多数 ESP8266 应用程序没有显示界面，且不容易访问以了解其 IP 地址。为了克服这个问题，使用 mDNS。

2. 使用 ESP8266 的 mDNS 控制程序

```
#include <ESP8266WiFi.h>   //包含头文件 ESP8266WiFi
#include <ESP8266WebServer.h>   //包含头文件 ESP8266WebServer
#include <ESP8266mDNS.h>    //包含头文件 ESP8266mDNS
#define LED 14   //宏定义 LED
ESP8266WebServer server; //创建 ESP8266 Web 服务实例
char* ssid = "601";        //连接的 Wi-Fi 的 ssid
char* password = "a1231224";   //连接 Wi-Fi 的密码
MDNSResponder mdns;  //创建 MDNS 响应者实例
void handleRoot() {   //Root 处理函数
  digitalWrite(LED, 1);  //点亮 LED
  server.send(200, "text/plain", "Hello from the Esp8266!");   //显示 Hello from the Esp8266!
}
void setup()
{
WiFi.begin(ssid,password);  //连接 Wi-Fi
Serial.begin(115200);     //设置串口波特率
while(WiFi.status()! =WL_CONNECTED)   //检测 Wi-Fi 连接状态
{
Serial.print(". ");     //没连上，打印...
delay(500);
}
Serial.println("");       //连接成功，打印一个空行
Serial.print("IP Address: ");  //打印 IP Address：
Serial.println(WiFi.localIP());  //打印连接 Wi-Fi 的 IP 地址
if(mdns.begin("esp8266-02", WiFi.localIP()))   //启用 Wi-Fi 的 IP 做 esp8266-02 的网址
Serial.println("MDNS responder started");  //换行打印 MDNS responder started
//启用 mDNS 网页服务，网页显示 Hello World，I am a esp8266！
server.on("/", handleRoot);  //服务响应 handleRoot
server.on("/inline",[](){      //服务响应 inline
server.send(200,"text/plain","Hello World,I am a esp8266 !");  //显示 Hello World 等
```

```
digitalWrite(LED, 0);    //熄灭 LED
}
);
server.begin();
MDNS.addService("http", "tcp", 80);//设置 mDNS 服务
}
void loop()
{
server.handleClient();   //监听客户端的 Web 请求
}
```

程序中包含了三个头文件，分别处理 Wi-Fi、Web、mDNS 服务。

Web 服务设定了两个服务内容，在网页输入 IP 地址+"/"，按回车键，点亮 LED，同时显示"Hello from the Esp8266!"；在网页输入 IP 地址+"/inline"，按回车键，熄灭 LED，同时显示"Hello World，I am a esp8266 !"。

使用 ESP8266mDNS 类库创建 mDNS 实例对象后，可以使用 begin 方法创建用户将使用的 Web 地址，并将其命名为"esp8266-02"。这个方法需要的第二个参数是 Wifi. localIP（），通过 Wi-Fi 对象的本地 IP 方法使用的 Esp8266 的 IP 地址。

mdns. begin（"esp8266-02"，Wifi. localIP（））；

 技能训练

一、训练目标

（1）了解 mDNS。
（2）学会使用 mDNS。
（3）学会调试 mDNS 服务程序。

二、训练步骤与内容

（1）建立一个工程。
1）在 E 盘 ESP8266 文件夹，新建一个文件夹 I06。
2）启动 Arduino 软件。
3）选择执行"文件"菜单下"New"新建一个项目命令，自动创建一个新项目，保存在 I006 项目文件。
（2）编写程序文件。在 I006 项目文件编辑区输入"mDNS 控制"程序，单击工具栏"💾"保存按钮，保存项目文件。
（3）下载调试程序。
1）单击"项目"菜单下的"验证/编译"子菜单命令，等待编译完成，在软件调试提示区，观看编译结果。
2）下载程序到 WeMos D1 开发板。
3）下载完成，打开串口调试器，按下 RST 复位按钮，查看串口监视器串口内容。
4）等待 Wi-Fi 连接成功，mDNS 响应开始，见图 9-22。
5）在浏览器地址栏输入 IP 地址+"/"，按回车键，观察网页显示内容，观察 LED 显示。

图9-22 Wi-Fi 连接成功

6）在浏览器地址栏输入 IP 地址+"/inline"，按回车键，观察网页显示内容，见图9-23，观察 LED 显示。

图9-23 网页显示内容

 习题9

1. 如何使用 TCP Server?
2. 如何使用 TCP Client?
3. 如何使用 UDP?
4. 如何使用 Wi-Fi 扫描?
5. 如何使用 mDNS 服务?
6. 如何实现网络远程控制?

项目十　传感器应用

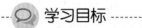

学习目标

（1）学会使用超声传感器。
（2）学会使用温湿度传感器。

任务 25　超声传感器应用

基础知识

一、脉冲宽度测量

1. 脉冲宽度测量

我们经常需要对脉冲宽度进行测量，测量方法一般使用电子示波器，观察脉冲波形、测量脉冲持续的时间（脉冲宽度）。利用单片机也可以进行脉冲宽度测量，方法是使用单片机内部的定时器产生的精准时钟信号，应用脉冲触发测量条件，测量脉冲持续时间内的时钟脉冲的数量，从而确定脉冲的宽度。

2. 脉冲宽度测量函数 pulseln（）

在 Arduino 控制中，应用脉冲宽度测量函数 pulseln（）检测指定引脚上的脉冲信号，从而测量其脉冲宽度。

当要检测高电平脉冲时，pulseIn（）函数会等待指定引脚输入的电平在变高后开始计时，直到输入电平变低时，计时停止。Pulseln（）函数会返回此信号持续的时间，即该脉冲的宽度。

Pulseln（）函数还可以设定超时时间。如果超过设定时间仍未检测到脉冲，则退出 pulseIn（）函数，并返回 0。当没有设定超时时间时，pulseln（）会默认 1s 的时间。

语法：

pulseIn（pin，value）

pulseIn（pin，value，timeout）

参数：pin 为需要读取脉冲的引脚；value 为需要读取的脉冲类型，HIGH 或 LOW；timeout 为超时时间，单位 μs，数据类型为无符号长整型。

返回值：返回脉冲宽度，单位 μs，数据类型为无符号长整型。如果在定时时间内没有检测到脉冲，则返回 0。

二、超声波测距

超声波是频率高于 20000Hz 的声波，它的指向性强，能量消耗缓慢，在介质中传播的距离较远，因而经常用于测量距离。

1. 超声波传感器

超声波传感器的型号众多，HC-SR04 是一款常见的超声波传感器。

HC-SR04 超声波传感器是利用超声波特性检测距离的传感器，带有两个超声波探头，分

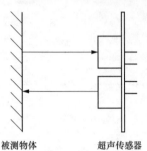

别用作发射和接收超声波。其测量范围是 3~450cm。超声波测距原理见图 10-1，超声波发射器向某一方向发射超声波，在发射的同时开始计时，超声波在空气中传播，途中碰到障碍物则立即返回，超声波接收器收到反射波则立即停止计时。声波在空气中的传播速度为 340m/s，根据计时器记录的时间 t，即可计算出发射点距障碍物的距离，即 $s = 340t/2$。这就是所谓的时间差测距法。

图 10-1　超声波测距原理

HC-SR04 超声波传感器模块性能稳定，测量距离精确，是目前市面上性价比最高的超声波模块，具有非接触测距功能，拥有 2.4~5.5V 的宽电压输入范围，静态功耗低于 2mA，自带温度传感器对测距结果进行校正，工作稳定可靠。

2. 超声波模块引脚

HC-SR04 超声波模块引脚功能见表 10-1。

表 10-1　　　　　　　　　　超声波模块引脚功能

引脚名称	功能
VCC	电源端
Trig	触发信号引脚
Echo	回馈信号引脚
Gnd	接地端

3. 主要技术参数

（1）使用电压：DC 5V。

（2）静态电流：<2mA。

（3）电平输出：高 5V，低 0V。

（4）感应角度：≤15°。

（5）探测距离：3~450cm。

（6）探测精度：0.3cm× (1+1%)。

4. 使用方法

使用 Arduino 控制板的数字引脚给超声波模块 Trig 引脚输入一个 10μs 以上的高电平，触发超声波模块的测距功能。

触发超声波模块的测距功能后，系统发出 8 个 40kHz 的超声波脉冲，然后自动检测回波信号。

当检测到回波信号后，模块还要进行温度值的测量，然后根据当前温度对测距结果进行校正，将校正后的结果通过 Echo 管脚输出。在此模式下，模块将距离位转化为 340m/s 时的时间值的 2 倍，通过 Echo 端输出一个高电平，根据此高电平的持续时间来计算距离值，即距离值为：（高电平时间×340）/2。

Arduino 可以使用 pulseIn ( ) 函数获取测距结果，并计算出被测物体的距离。

超声波模块测距时序图见 10-2。

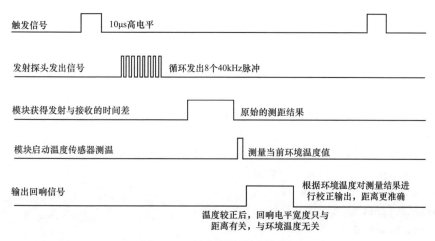

图 10-2　超声波模块测距时序

5. 超声波测距电路（见图 10-3）

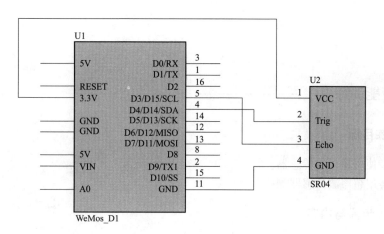

图 10-3　超声波测距电路

6. 超声波测距程序

```
//定义引脚功能
const int trig = 4;
const int echo = 5;
long interValTime=0;//定义时间间隔变量
float S;//定义浮点数距离变量
//初始化
void setup() {
  pinMode(trig,OUTPUT); //设置 trig 为输出
  pinMode(echo,INPUT); //设置 echo 为输入
Serial.begin(9600);  //设置串口波特率
}
//主循环程序
```

```
void loop() {
  while(1){
  digitalWrite(trig,LOW);
  delayMicroseconds(2);    //延时 2μs
  digitalWrite(trig,HIGH); //trig 高电平
  delayMicroseconds(10);   //延时 10μs
  digitalWrite(trig,LOW);  //trig 低电平
  interValTime = pulseIn(echo,HIGH); //读取高电平脉冲宽度
  S = interValTime/58.00 ; //计算距离，单位 cm
  Serial.print("distance");
  Serial.print("   ");
  Serial.print(S);
  Serial.print("cm");
  Serial.println();
  S=0;      //复位距离变量
  interValTime=0;//复位时间间隔变量
  delay(1000); //延时 1000ms
  }
}
```

技能训练

一、训练目标

（1）学会使用超声波传感器。
（2）学会用超声波传感器测距。

二、训练步骤与内容

（1）建立一个工程。
1）在 E 盘 ESP8266 文件夹，新建一个文件夹 J01。
2）启动 Arduino 软件。
3）选择执行"文件"菜单下"New"新建一个项目命令，自动创建一个新项目。
4）选择执行"文件"菜单下"另存为"命令，打开另存为对话框，选择另存的文件夹 J01，打开文件夹 J01，在文件名栏输入"J001"，单击"保存"按钮，保存 J001 项目文件。
（2）编写程序文件。在 J001 项目文件编辑区输入"超声波测距"程序，单击执行文件菜单下"保存"菜单命令，保存项目文件。
（3）编译、下载、调试程序。
1）按图 10-3 连接超声波测距控制电路。
2）单击"项目"菜单下的"验证/编译"子菜单命令，或单击工具栏的验证/编译按钮，Arduino 软件首先验证程序是否有误，若无误，程序自动开始编译程序。
3）等待编译完成，在软件调试提示区，观看编译结果。
4）单击工具栏的下载按钮，将程序下载到 WeMos D1 控制板。

5）打开串口观察窗口，调整超声波探头与测试物的距离，观察测试结果，见图10-4。

图 10-4　测试结果

6）更换超声波模块的引脚与 WeMos D1 控制板的连接端，调整触发脉冲参数，重新编译下载程序，进行超声波测距，观察测试结果。

任务 26　常用模块和传感器应用

 基础知识

一、激光传感器应用

1. 激光传感器

激光传感器是利用激光技术进行测量的传感器。它由激光器、激光检测器和测量电路组成。激光传感器是新型测量仪表，它的优点是能实现无接触远距离测量，速度快，精度高，量程大，抗光、电干扰能力强等。

激光具有 3 个重要特性：

（1）高方向性。即高定向性，光速发散角小，激光束在几公里外的扩展范围不过几厘米。

（2）高单色性。激光的频率宽度比普通光小 10 倍以上。

（3）高亮度。利用激光束会聚最高可产生达几百万摄氏度的温度。

2. 激光传感器应用

```
void setup() {
  pinMode(4, OUTPUT);  //初始化引脚4为激光传感器输出
```

```
}
void loop() {
    digitalWrite(4, HIGH);     // 开启激光传感器
    delay(1000);               // 延时 1000ms
    digitalWrite(4, LOW);      // 关闭激光传感器
    delay(1000);               //延时 1000ms
}
```

二、光敏传感器应用

1. 光敏传感器

光敏传感器是利用光敏元件将光信号转换为电信号的传感器，它的敏感波长在可见光波长附近，包括红外线波长和紫外线波长。光传感器不只局限于对光的探测，它还可以作为探测元件组成其他传感器，对许多非电量进行检测，只要将这些非电量转换为光信号的变化即可。

光敏传感器的种类较多，主要有：光电管、光电倍增管、光敏电阻、光敏三极管、太阳能电池、红外线传感器、紫外线传感器、光纤式光电传感器、色彩传感器、CCD 和 CMOS 图像传感器等。光敏传感器是目前产量最多、应用最广的传感器之一，它在自动控制和非电量电测技术中占有非常重要的地位。

最简单的光敏传感器是光敏电阻，实质上是一种受到光照射其电阻值发生变化的传感器。最简单的光敏传感器的外观见图 10-5，采用一个光敏元件与 10kΩ 电阻串联的结构，有 3 个引脚，GND 端是光敏元件的 1 个引脚，中间是 10kΩ 电阻的 1 个引脚 VCC，第 3 个是光敏元件与 10kΩ 电阻串联的引脚端 Vout。

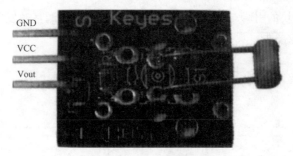

图 10-5　光敏传感器

2. 最简单的光敏传感器应用

```
int senViPin=1;
int val=0;
void setup() {
Serial.begin(9600); //串口波特率为 9600
}
void loop(){
 val =  analogRead(senViPin); //读取模拟 1 端口
  Serial.println(val, DEC);//十进制数显示结果
delay(1000);//延时 1000ms
}
```

将光敏传感器与电阻串联端 senVi 接在一个模拟输入口，电阻另一端接地，光敏传感器另一端接电源，光强的变化会改变光敏传感器阻值，从而改变 senVi 端的输出电压。将 senVi 端的电压读出，并使用串口输出到计算机显示结果。因为 Arduino 的模拟转换是 10 位的采样精度，输出值为 0 ~ 1023，当光照强烈的时候，光敏传感器电阻值减小，输出电压值增加，光照减弱的时候，光敏传感器电阻值增加，输出电压值减小。完全遮挡光线，光敏传感器电阻值最大，输出电压值最小。

三、霍尔磁敏传感器应用

1. 霍尔传感器

霍尔传感器是根据霍尔效应制作的一种磁场传感器。霍尔效应是磁电效应的一种，这一现象是霍尔于 1879 年在研究金属的导电机构时发现的。后来发现半导体、导电流体等也有这种效应，而半导体的霍尔效应比金属强得多，利用这现象制成的各种霍尔元件，广泛地应用于工业自动化技术、检测技术及信息处理等方面。霍尔效应是研究半导体材料性能的基本方法。通过霍尔效应实验测定的霍尔系数，能够判断半导体材料的导电类型、载流子浓度及载流子迁移率等重要参数。

一个霍尔元件一般有四个引出端子，见图 10-6，其中两根是霍尔元件的偏置电流 I 的输入端，另两根是霍尔电压的输出端。如果两输出端构成外回路，就会产生霍尔电流。一般地说，偏置电流的设定通常由外部的基准电压源给出；若精度要求高，则基准电压源均用恒流源取代。为了达到高的灵敏度，有的霍尔元件的传感面上装有高磁导率的坡莫合金；这类传感器的霍尔电动势较大，但在 $0.05T$ 左右出现饱和，仅适用在低量限、小量程下使用。

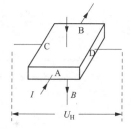

在半导体薄片两端通以控制电流 I，并在薄片的垂直方向施加磁感应强度为 B 的匀强磁场，则在垂直于电流和磁场的方向上，将产生电动势差为 U_H 的霍尔电压。

图 10-6　霍尔元件

磁场中有一个霍尔半导体片，恒定电流 I 从 A 到 B 通过该片。在洛仑兹力的作用下，I 的电子流在通过霍尔半导体时向一侧偏移，使该片在 CD 方向上产生电位差，这就是所谓的霍尔电压。

霍尔电压随磁场强度的变化而变化，磁场越强，电压越高，磁场越弱，电压越低，霍尔电压值很小，通常只有几个毫伏，但经集成电路中的放大器放大，就能使该电压放大到足以输出较强的信号。若使霍尔集成电路起传感作用，需要用机械的方法来改变磁感应强度。下图所示的方法是用一个转动的叶轮作为控制磁通量的开关，当叶轮叶片处于磁铁和霍尔集成电路之间的气隙中时，磁场偏离集成片，霍尔电压消失。这样，霍尔集成电路的输出电压的变化，就能表示出叶轮驱动轴的某一位置，利用这一工作原理，可将霍尔集成电路片用作用点火正时传感器。霍尔效应传感器属于被动型传感器，它要有外加电源才能工作，这一特点使它能检测转速低的运转情况。

2. 霍尔磁力传感器（见图 10-7）

霍尔磁力传感器能检测到磁场，从而输出检测信号。模拟端口能通过输出线性电压的变化来揭示出磁场的强度，数字输出端口是磁场达到某个阈值时才会输出高低电平。可调电阻能改变检测的灵敏度。

应用时，霍尔磁力传感器的 G 端连接 WeMos D1 控制板的 GND 端，+端连接 WeMos D1 控制板的+5V 端，DO 端连接任意一个数字输入端，A0 端连接任意一个模拟信号输入端。

图 10-7　霍尔磁力传感器

3. 霍尔磁力传感器控制程序

（1）控制要求。

1）霍尔磁力传感器的 G 端连接 WeMos D1 控制板的 GND 端，+端连接 WeMos D1 控制板的 +5V 端，DO 端连接任意数字输入端 4，引脚 14 连接 LED 指示灯。

2）当磁铁靠近霍尔磁力传感器监测端时，引脚 14 连接 LED 指示灯灭，磁铁离开霍尔磁力传感器监测端时，引脚 14 连接 LED 指示灯亮。

（2）控制程序。

```
int Led=14;//定义 LED 接口
int buttonpin=4; //定义霍尔磁力传感器接口
int  val;  //定义数字变量 val
void setup() {
  pinMode(Led,OUTPUT);  //定义 LED 为输出接口
  pinMode(buttonpin,INPUT); //定义霍尔磁力传感器为输出接口
}
void loop() {
  val=digitalRead(buttonpin);  //将数字接口 4 的值读取赋给 val
  if(val==HIGH)
{//当霍尔磁力传感器检测没有磁场信号时，LED 亮
digitalWrite(Led,HIGH);
}
else
{//当霍尔磁力传感器检测到磁场信号时，LED 灭
digitalWrite(Led,LOW);
}
}
```

四、倾斜开关传感器应用

1. 倾斜开关传感器（见图 10-8）

倾斜开关传感器用于检测较小角度的倾斜。应用时，倾斜开关传感器 GND 端连接 WeMos D1 控制板的 GND 端，VCC 端连接 WeMos D1 控制板的+5V 端，DO 端连接任意一个数字输入端。

2. 倾斜开关传感器应用控制程序

（1）控制要求。

1）倾斜开关传感器的 GND 端连接 WeMos D1 控制板的 GND 端，VCC 端连接 WeMos D1 控

制板的+5V端，DO端连接任意数字输入端4，引脚14连接LED指示灯。

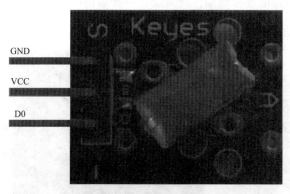

图10-8　倾斜开关传感器

2）当倾斜开关传感器无倾斜时，引脚14连接LED指示灯灭，当倾斜开关传感器有倾斜时，引脚14连接LED指示灯亮。

（2）控制程序。

```
int Led=14;//定义LED接口
int buttonpin=4;//定义倾斜开关传感器接口
int  val;  //定义数字变量val
void setup() {
  pinMode(Led,OUTPUT);  //定义LED为输出接口
  pinMode(buttonpin,INPUT);  //定义倾斜开关传感器为输入接口
}
void loop() {
  val=digitalRead(buttonpin);  //将数字接口4的值读取赋给val
  if(val==HIGH)
{//当倾斜开关传感器有倾斜时时，LED亮
digitalWrite(Led,HIGH);
}
else
{//当倾斜开关传感器无倾斜时时，LED灭
digitalWrite(Led,LOW);
}
}
```

五、双色LED模块

1. 双色LED模块

双色LED模块封装了两个LED，一个红色LED，一个绿色LED，三个引脚分别为GREEN、RED、GND，双色LED模块见图10-9。

2. 双色LED模块控制程序

通过WeMos D1控制板分别控制红色LED、绿色LED，使红灯引脚输出电压值逐渐减小，

亮度减少，同时绿灯引脚输出电压值逐渐增加，亮度增大，电压值变化时间间隔为20ms。然后，使红灯引脚输出电压值逐渐增加，同时绿灯引脚输出电压值亮度增大逐渐减小，亮度减少，电压值变化时间间隔为20ms。如此循环运行。

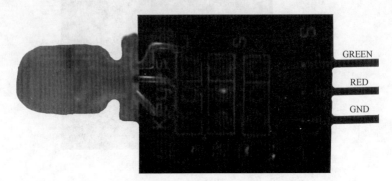

图 10-9　双色 LED 模块

```
int redpin=4; //定义红灯引脚
int greenpin =5; //定义绿灯引脚
int val;
void setup( ) {
pinMode( redpin,OUTPUT);   //设置红灯引脚为输出
pinMode( greenpin,OUTPUT); //设置绿灯引脚为输出
}
void loop( ) {
for( val =255;val>0;val--)
  {
analogWrite( redpin,val);   //红灯引脚输出电压值逐渐减小，亮度减少
analogWrite( greenpin,255-val); //绿灯引脚输出电压值逐渐增加，亮度增大
delay( 20);   //延时20ms
}
for( val=0; val<255; val++)
{
analogWrite( redpin,val); //红灯引脚输出电压值逐渐增加，亮度增大
analogWrite( greenpin,255-val); //绿灯引脚输出电压值逐渐减小，亮度减少
delay( 20);   //延时20ms
}
}
```

六、RGB 三色 LED 模块

1. RGB 三色 LED 模块

三色 LED 模块封装了 3 个 LED，一个红色 LED，一个绿色 LED，一个蓝色 LED，4 个引脚分别为 GREEN、RED、BLUE、GND，三色 LED 模块见图 10-10。

2. RGB 三色 LED 模块控制

RGB 三色 LED 模块组成全色 LED，通过 R、G、B 的 3 个引脚的 PWM 输出控制可以调节

R、G、B 三种颜色输出的强弱，从而实现全彩的混色显示。

图 10-10　三色 LED 模块

```
int redpin=4; //定义红灯引脚
int greenpin =5; //定义绿灯引脚
int bluepin =12; //定义蓝灯引脚
int val; //定义全局变量
void setup() {
pinMode(redpin,OUTPUT);    //定义红灯引脚为输出
pinMode(greenpin,OUTPUT);    //定义绿灯引脚为输出
pinMode( bluepin,OUTPUT);   //定义蓝灯引脚为输出
}
void loop() {
for(val=255;val>0;val--)      //控制变量逐渐减小
{analogWrite(redpin,val);    //控制红灯 LED 的 PWM 输出
analogWrite(greenpin,255-val);  //控制绿灯 LED 的 PWM 输出
analogWrite( bluepin,128-val);    //控制蓝灯 LED 的 PWM 输出
delay(5);   //延时 5ms
}
for(val=0; val<255; val++)   //控制变量逐渐增加
{
analogWrite(redpin,val);        //控制红灯 LED 的 PWM 输出
analogWrite(greenpin,255-val); //控制绿灯 LED 的 PWM 输出
analogWrite( bluepin,128-val); //控制蓝灯 LED 的 PWM 输出
delay(5);   //延时 5ms
}
}
```

七、7 色 LED 闪烁模块

7 色 LED 闪烁模块通电后，可以自动闪烁其中的 7 种颜色，利用 WeMos D1 控制板的任意一个数字引脚直接连接 7 色 LED 闪烁模块的 S 端，控制其亮灭闪烁。

控制程序如下：

```
int flashpin=4; //定义闪烁 LED 引脚
void setup() {
    pinMode(flashpin, OUTPUT); //初始化闪烁 LED 引脚为输出
}
void loop() {
  digitalWrite(flashpin, HIGH);    //闪烁 LED 亮
  delay(1000);              // 延时 1s
  digitalWrite(flashpin, LOW);     //闪烁 LED 灭
  delay(1000);              // 延时 1s
}
```

八、红外避障传感器应用

1. 红外避障传感器（见图 10-11）

红外避障传感器是根据红外反射原理来检测前方是否有物体的传感器。红外发射管发射红外线，当前方没有物体时，红外接收管接收不到信号，输出为高电平；当前方有物体时，物体遮挡和反射红外线，红外接收管会检测到信号，输出低电平。

图 10-11　红外避障传感器

2. 红外避障传感器的应用

```
int  Led=14; //定义 LED 接口
int buttonpin=4; //定义避障传感器接口
int val; //定义数字变量 val
void setup() {
pinMode(Led,OUTPUT); //定义 LED 为输出
pinMode(buttonpin, INPUT); //定义避障传感器为输入接口
  }
void loop() {
  val=digitalRead(buttonpin); //将数字接口 4 的值读取赋给 val
  if(val==LOW) //当避障传感器检测有障碍物时为低电平
    {
  digitalWrite(Led,HIGH); //提示有障碍物
}
else
{ digitalWrite(Led,LOW);
```

```
    }
  }
```

九、红外寻线传感器应用

1. 红外寻线传感器（见图10-12）

红外寻线传感器根据红外反射原理来检测黑白线。遇到白色，反射红外线，输出为低电平；遇到黑色，吸收红外线，不反射红外线，输出高电平，以此来寻找地面的黑线。

图10-12　红外寻线传感器

2. 红外寻线传感器的应用

```
int  Led=14;//定义LED接口
int buttonpin=4;//定义寻线传感器接口
int val;//定义数字变量val
void setup( ) {
pinMode(Led,OUTPUT);//定义LED为输出
pinMode(buttonpin, INPUT);//定义寻线传感器为输入接口
  }
void loop( ) {
  val=digitalRead(buttonpin);//将数字接口4的值读取赋给val
  if(val==LOW)//当寻线传感器检测白色，有反射信号时为低电平
    {
  digitalWrite(Led,HIGH);// LED亮
}
else
{ digitalWrite(Led,LOW);
}
}
```

十、模拟式温度传感器应用

1. 模拟式温度传感器（见图10-13）

模拟式温度传感器是基于热敏电阻（阻值随外界环境温度变化而变化）的工作原理，能够实时感知周边环境温度的变化的传感器。

将模拟式温度传感器与WeMos D1控制板的模拟输入端A0连接，把模拟式温度传感器数据送到WeMos D1控制板。通过简单程序就能将传感器输出的数据转换为摄氏温度值，并通过串口显示。

2. 模拟式温度传感器控制程序

```
#include <math.h>
```

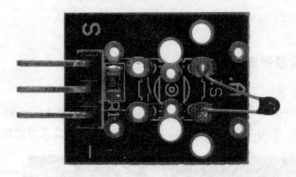

图 10-13　模拟式温度传感器

```
double Thermister(int RawADC){
double Temp;
Temp = log(((10240000/RawADC)-10000));
Temp=1/(0.001129148+(0.000234125+(0.0000000876741* Temp* Temp))* Temp);
Temp=Temp-273.15; //转换温度值
return Temp;
}
void setup(){
Serial.begin(9600);
}
void loop(){
Serial.print(Thermister(analogRead(0)));   //输出转换好的温度
Serial.println("C");
delay(500);
}
```

技能训练

一、训练目标

(1) 了解 WeMos D1 输入/输出高级应用技术。

(2) 学会用模块和传感器。

二、训练步骤与内容

(1) 建立一个工程。

1) 在 E 盘 ESP8266 文件夹，新建一个文件夹 J02。

2) 启动 Arduino 软件。

3) 选择执行"文件"菜单下"New"新建一个项目命令，自动创建一个新项目。

4) 选择执行"文件"菜单下"另存为"命令，打开另存为对话框，选择另存的文件夹 J02，打开文件夹 J02，在文件名栏输入"J002"，单击"保存"按钮，保存 J002 项目文件。

(2) 编写程序文件。在 J002 项目文件编辑区输入"RGB 三色 LED 模块控制"程序，单击执行文件菜单下"保存"菜单命令，保存项目文件。

（3）编译、下载、调试程序。

1）RGB 三色 LED 模块的 R、G、B 与 WeMos D1 控制板的引脚 4、5、12 连接，接地端与 WeMos D1 控制板 GND 连接电路。

2）通过 USB 将 WeMos D1 控制板与计算机 USB 端口连接。

3）单击"项目"菜单下的"验证/编译"子菜单命令，或单击工具栏的验证/编译按钮，Arduino 软件首先验证程序是否有误，若无误，程序自动开始编译程序。

4）等待编译完成，在软件调试提示区，观看编译结果。

5）单击工具栏的下载按钮，将程序下载到 WeMos D1 控制板。

6）下载完成，观察 RGB 三色 LED 模块红、绿、蓝 LED 显示的效果。

7）更改 WeMos D1 控制板的控制端，使用另外三个 PWM 输出端，修改控制程序，重新下载、调试，观察运行结果。

任务 27　温湿度传感器 DHT11

 基础知识

一、温湿度传感器 DHT11

1. DHT11 数字温湿度传感器

DHT11 数字温湿度传感器是一款含有已校准数字信号输出的温湿度复合传感器。它应用专用的数字模块采集技术和温湿度传感技术，确保产品具有极高的可靠性与卓越的长期稳定性。传感器包括一个电阻式感湿元件和一个 NTC 测温元件，并与一个高性能 8 位单片机相连接。因此该产品具有品质卓越、超快响应、抗干扰能力强、性价比极高等优点。

每个 DHT11 数字温湿度传感器都在极为精确的湿度校验室中进行校准。校准系数以程序的形式储存在 OTP 内存中，传感器内部在检测信号的处理过程中要调用这些校准系数。单线制串行接口，使系统集成变得简易快捷。它具有超小的体积、极低的功耗，信号传输距离可达 20m 以上，使其成为各类应用甚至最为苛刻的应用场合的最佳选择。

2. DHT11 数字温湿度传感器的封装与应用领域

DHT11 数字温湿度传感器产品为 4 针单排引脚封装，DHT11 传感器引脚及封装见图 10-14。DHT11 数字温湿度传感器连接方便，特殊封装形式可根据用户需求而提供。

DHT11 数字温湿度传感器应用领域包括暖通空调、测试及检测设备、汽车、数据记录器、消费品、自动控制、气象站、家电、湿度调节器、医疗、除湿器等。

3. DHT11 数字温湿度传感器的测量精度

DHT11 相对湿度的检测精度为 1%，温度的检测精度为 1℃。两次检测读取传感器数据的时间间隔要大于 1s。

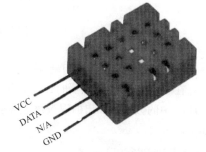

图 10-14　DHT11 传感器引脚及封装

二、DHT11 数字温湿度传感器的 Arduino 应用

1. DHT11 类库

在 Arduino 中，使用 DHT11 数字温湿度传感器需要用到 DHT11 类库，可以从 Arduino 中文

社区网站上下载已经封装好的类库。

DHT11 类库只用一个成员函数 read ()。

函数 read () 的功能是读取传感器的数据，并将温度、湿度数据值分别存入 temperature 和 humidity 两个成员变量中。

语法：Dht11.read (pin)

其中，Dht1l 为一个 dht1l 类型的对象。

返回值：int 型值，为下列值之一：

(1) 0，对应宏 DHTLIB OK，表示接收到数据且校验正确；

(2) 1，对应宏 DHTLIB ERROR CHECKSUM，表示接收到数据但校验错误；

(3) 2，对应宏 DHTLIB ERROR-TIMEOUT，表示通信超时。

2. DHT11 数字温湿度传感器硬件连接

如果使用的是 DHT11 温湿度模块，那么直接将其连接到对应的 Arduino 引脚即可。

如果使用的是 DHT11 数字温湿度传感器元件，那么还需要注意它的引脚顺序。如图 10-15 所示，在 DHT11 的 DATA 引脚与 3.3V 之间接入了一个 10kΩ 电阻，用于稳定通信电平；在靠近 DHT11 的 VCC 引脚和 GND 之间接入了一个 100nF 的电容，用于滤除电源波动。

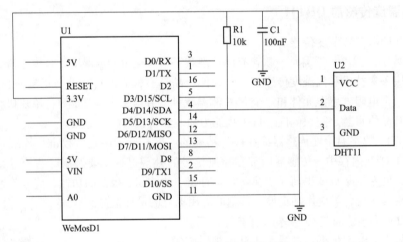

图 10-15　DHT11 传感器硬件连接

3. DHT11 传感器应用程序

在使用 DHT11 传感器时，需要先实例化一个 dht1l 类型的对象；再使用 read () 函数读出 DHT11 中的数据，读出的温湿度数据会被分别存储到 temperature 和两个成员变量中。程序代码如下。

```
#include<dht11.h>
//实例化一个 DHT11 对象
dht11 DHT11;
#define Dht11Pin  4    //定义引脚 GPIO4 连接 DHT11Pin 数据输入端
//初始化函数
void setup() {
  Serial.begin(9600);//设置串口通信波特率为 9600
```

```
}
//主循环函数
void loop() {
  Serial.print("\n");//换行
  //读取传感器数据
  int chN = DHT11.read(Dht11Pin);
  Serial.print("Read sensor");
  Serial.print("  ");
  switch(chN)
  {
    case DHTLIB_OK:
      Serial.print (" OK");
      break;
    case DHTLIB_ERROR_CHECKSUM:
      Serial.print (" Checksum Error");
      break;
    case DHTLIB_ERROR_TIMEOUT:
      Serial.print (" Time out Error");
      break;
    default:
      Serial.print (" Unknown Error");
  }
  //输出湿度、温度数据
  Serial.print("\n");
  Serial.print("Humidity(% ):");
  Serial.print(DHT11.humidity);
  Serial.print("\n");
  Serial.print("Temperature(% ):");
  Serial.print(DHT11.temperature);
  delay(1000);
}
```

技能训练

一、训练目标

（1）了解 DHT11 数字温湿度传感器。

（2）学会用 DHT11 数字温湿度传感器测量温度和湿度。

二、训练步骤与内容

（1）建立一个新项目。

1）在 E 盘 ESP8266 文件夹，新建一个文件夹 J03。

2）将 Arduino 的 DHT11 类库拷贝到 Arduino 安装文件夹下的"libraries"内。

3）启动 Arduino 软件。

4）选择执行"文件"菜单下"New"新建一个项目命令，自动创建一个新项目。

5）选择执行"文件"菜单下"另存为"命令，打开另存为对话框，选择另存的文件夹J03，打开文件夹J03，在文件名栏输入"J003"，单击"保存"按钮，保存J003项目文件。

（2）编写控制程序文件。在J003项目文件编辑区输入"DHT11传感器应用"程序，单击执行文件菜单下"保存"菜单命令，保存项目文件。

（3）编译、下载、调试。

1）按图10-14连接电路。

2）通过USB将WeMos D1控制板与计算机USB端口连接。

3）单击"项目"菜单下的"验证/编译"子菜单命令，或单击工具栏的验证/编译按钮，Arduino软件首先验证程序是否有误，若无误，程序自动开始编译程序。

4）等待编译完成，在软件调试提示区，观看编译结果。

5）单击工具栏的下载按钮，将程序下载到WeMos D1控制板。

6）打开串口监视器，观察串口监视器输出窗口显示的数据。

习题10

1. 应用WeMos D1控制板的引脚12和引脚13，设计超声波测距控制程序，进行超声波测距实验。

2. 应用WeMos D1控制板的引脚12、13和引脚14，进行RGB三色LED模块控制。

3. 应用WeMos D1控制板的引脚D4和引脚D5，进行红外避障传感器实验。

4. 应用WeMos D1控制板的引脚D6和引脚D7，进行红外寻线传感器实验。

5. 应用WeMos D1控制板的引脚GPIO5，连接DHT11数据段Data，进行温湿度检测实验。

学习目标

（1）学会配置网页参数。
（2）学会网络认证。

任务 28 Wi-Fi 网页参数配置

基础知识

一、Wi-Fi 网页配置

使用 smartcnfig 仅仅能使 ESP8266 快速智能联网，具有一定的局限性，要想系统全面地进行网页参数配置，最好使用 Ardunio 的 DYWiFiConfig 动态 Wi-Fi 配置类库。

在 Arduino IDE 开发环境，点击执行"项目"菜单下的"加载库"子菜单下的"添加一个 . ZIP 库"命令，加载库操作见图 11-1。

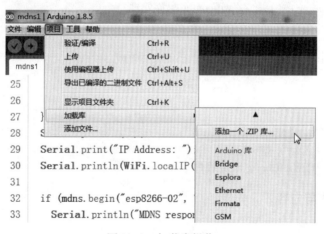

图 11-1 加载库操作

选择 ESP8266_DYWiFiConfig. zip 库文件，单击"打开"按钮，即可将 DYWiFiConfig 动态 Wi-Fi 配置类库添加到 Arduino IDE 开发环境。

二、ESP8266WiFi 网页参数配置

1. Wi-Fi 网页参数配置操作流程

（1）在 Arduino IDE 开发环境添加 ESP8266_DYWiFiConfig. zip 库；

（2）建立 SoftAP；

（3）建立 mDNS 服务；

（4）建立 webServer 服务；

（5）监听客户端请求；

（6）通过 http GET 和 http POST 进行数据交互；

（7）在网页查看配置参数。

2. WiFi 网页参数配置控制程序

```
#include <DYWiFiConfig.h> //包含头文件 DYWiFiConfig
DYWiFiConfig wificonfig; //创建 DYWiFiConfig 实例
ESP8266WebServer webserver(80); //配置 Web 服务器端口
void wificb(int c) {
Serial.print("=-=-=-=-");
Serial.println(c);
}
void setup() {
    Serial.begin(115200);   //设置串口通信波特率
     delay(100);
    Serial.println("Startup");   //换行打印 Startup
     wificonfig.begin(&webserver, "/");   //启用 Web 服务
     wificonfig.enableAP("DYWiFig-1","a0123456789"); //使能 AP
     }
void loop() {
  wificonfig.handle();   // wificonfig 配置处理
}
```

⚙ **技能训练**

一、训练目标

（1）了解 DYWiFiConfig。

（2）学会使用 DYWiFiConfig。

（3）学会调试 DYWiFiConfig 服务程序。

二、训练步骤与内容

（1）建立一个工程。

1）在 E 盘 ESP8266 文件夹，新建一个文件夹 K01。

2）启动 Arduino 软件。

3）添加 DYWiFiConfig 类库。

4）选择执行"文件"菜单下"New"新建一个项目命令，自动创建一个新项目，保存在 K001 项目文件。

（2）编写程序文件。在 K001 项目文件编辑区输入"WiFi 网页参数配置控制"程序，单击工具栏" 💾 "保存按钮，保存项目文件。

（3）下载调试程序。

1）单击"项目"菜单下的"验证/编译"子菜单命令，等待编译完成，在软件调试提示区，观看编译结果。

2）下载程序到 WeMos D1 开发板。

3）下载完成，查看计算机底部的无线连接，点击无线连接图标，查看 Wi-Fi 热点，见图 11-2。

图 11-2　查看 Wi-Fi 热点

4）单击 Wi-Fi 的接入点 AP "DYWiFig-1" 右边的连接，在连接对话框密码栏，输入密码 "a0123456789"，单击"确定"按钮，链接 Wi-Fi 接入点 AP。

5）打开串口调试器，按下 RST 复位按钮，查看串口监视器内容，见图 11-3。

图 11-3　串口监视器内容

6）在浏览器地址栏输入"http://DYWiFig-1.local/"，按回车键，观察网页配置显示内容，网页配置界面见图11-4。

图 11-4　网页配置界面

7）在配置界面即可查看常用的网络参数 SSID Name、SSID Password 等，可以重新设置参数，如设置 SSID Name 为"myweb1"，设置 SSID Password 为"a1234567890"，单击"Save"按钮保存网页参数。大约等待 16s，观察 Wifi Setting 框的 SSID Name、SSID Password 显示内容，网页参数显示见图11-5。

图 11-5　网页参数显示

任务 29　网络认证

 基础知识

一、网络认证

1. Portal 认证

在生活中，许多公共场所都有 Wi-Fi 热点。这些 Wi-Fi 热点有些是加密的，有些是不加密且对公众开放的。当用户访问开放的 Wi-Fi 热点时，需要输入用户名和密码，认证成功后，才可以使用网络。这里网站使用的就是 Portal 认证。

通常称 Portal 认证为 Web 认证，一般将具有 Portal 认证的网络称为门户网站。没进行认证的用户上网时，会强制用户登录特定站点，用户可以先免费访问其中的内容，通常是广告类信息。当用户要使用网络访问其他信息时，必须在门户网站进行注册登记、认证，只有认证通过后，才可以使用互联网网络资源。

Portal 认证可以为运营商提供较强的管理功能，门户网站可以经营广告、社会服务和个性化的服务业务，使宽带运营商、设备服务商和内容服务商建立完整的互联网产业生态。

2. Portal 认证类别

（1）主动认证。用户主动访问已知的 Portal 认证网站，输入用户名、密码进行 Portal 认证，这种 Portal 认证方式，称为主动认证。

（2）强制认证。用户在使用网站资源时，被强制访问 Portal 认证网站，由此开始的 Portal 认证，称为强制认证。

二、**ESP8266** 的网页认证

ESP8266 可以通过创建 AP，提供 SoftAP 的 Wi-Fi 热点，并进行 Portal 认证。
Portal 认证控制实验程序：

```
#include <ESP8266WiFi.h>   //包含头文件 ESP8266WiFi
#include <DNSServer.h>      //包含头文件 DNSServer
#include <ESP8266WebServer.h>   //包含头文件 ESP8266WebServer
const byte DNS_PORT = 53;   //设置 Portal 认证监听 53 端口
IPAddress APIP(192, 168, 4, 1);   //设置 AP 地址
DNSServer dnsServer;   //创建 DNS 服务器实例
ESP8266WebServer webServer(80);   //设置 Web 服务器端口
//设置 portal 认证页面显示信息
String responseHTML = ""
  "<! DOCTYPE html><html><head><title>CaptivePortal</title></head><body>"
  "<h1>Hello World! </h1><p>This is a captive portal example. All requests will "
  "be redirected here. </p></body></html>";
void setup() {
  Serial. begin(115200);   //设置串口波特率
  Serial. println();
  Serial. println("Portaling");   //换行打印 Portaling
```

```
WiFi.mode(WIFI_AP); //设置 Wi-Fi 为 AP 模式
WiFi.softAPConfig(APIP, APIP, IPAddress(255, 255, 255, 0)); //配置 AP 接入点、
子网、子网掩码
WiFi.softAP("CaptivePortal"); //启动 Wi-Fi
Serial.println(APIP);          //打印 AP 地址
Serial.println("CaptivePortal start"); //换行打印 CaptivePortal start
dnsServer.start(DNS_PORT, " * ", APIP); // 把所有的 DNS 请求都转到 APIP
//让所有请求都回复认证页面
webServer.onNotFound([]() {
  webServer.send(200, "text/html", responseHTML);
});
webServer.begin(); //启用 Web 服务器
}
void loop() {
//监听客户端请求
dnsServer.processNextRequest();
webServer.handleClient();
}
```

⚙ 技能训练

一、训练目标

（1）了解 Portal 认证。

（2）学会使用 Portal 认证。

（3）学会调试 Portal 认证服务程序。

二、训练步骤与内容

（1）建立一个工程。

1）在 E 盘 ESP8266 文件夹，新建一个文件夹 K02。

2）启动 Arduino 软件。

3）添加 DYWiFiConfig 类库

4）选择执行"文件"菜单下"New"新建一个项目命令，自动创建一个新项目，保存在
K002 项目文件。

（2）编写程序文件。在 K002 项目文件编辑区输入"Portal 认证控制实验"程序，单击工
具栏"💾"保存按钮，保存项目文件。

（3）下载调试程序。

1）单击"项目"菜单下的"验证/编译"子菜单命令，等待编译完成，在软件调试提示
区，观看编译结果。

2）下载程序到 WeMos D1 开发板。

3）下载完成，打开串口调试器，按下 RST 复位按钮，查看串口监视器内容，见图 11-6。

4）打开手机，寻找 Wi-Fi 热点，CaptivePortal 热点见图 11-7。

5）连接 CaptivePortal 热点后，进入 Portal 认证界面，见图 11-8。

图 11-6 Portal 认证串口显示

图 11-7 CaptivePortal 热点

图 11-8　Portal 认证界面

 习题11

1. 如何添加 DYWiFiConfig. ZIP 类库？
2. 如何进行动态网页参数配置？
3. 什么是 Portal 认证？
4. 如何进行 Portal 认证？

项目十二 物联网综合应用

学习目标

（1）学会应用 OLED 显示网络信息。

（2）学会智能云控 LED。

任务 30 网络 Web OLED 显示应用

基础知识

一、OLED 显示

1. OLED 显示屏

OLED 显示屏是利用有机电自发光二极管制成的显示屏。由于同时具备自发光有机电激发光二极管，不需背光源、对比度高、厚度薄、视角广、反应速度快、可用于挠曲性面板、使用温度范围广、构造及制程较简单等优异特性，被认为是下一代的平面显示器新兴应用技术。

（1）OLED 显示屏 SSD1306。OLED 显示屏 SSD1306 是一款小巧的显示屏，整体大小为宽度 26mm，高度为 25.2mm。4 只引脚排列分别为 GND、VCC、SCL、SDA，屏幕尺寸为 0.9in（英寸）。

（2）点阵像素。OLED 是一个 M×n 的像素点阵，想显示什么就得把具体位置的像素点亮起来。对于每一个像素点，有可能是 1 点亮，也有可能是 0 点亮。对于 128×64 的 OLED，像素地址排列从左到右是 0 ~ 127，从上到下是 0 ~ 63。在坐标系中，左上角是原点（0，0），向右是 X 轴，向下是 Y 轴。

2. OLED 显示屏 I^2C 通信连接

WeMos D1 控制板的 GPIO4（SDA）、GPIO5（SCL）分别与 OLED 显示屏的 SDA、SCL 连接，电源 3.3V、GND 分别与 OLED 显示屏的 VCC、GND 连接。

二、ESP8266 控制 Web OLED 显示

1. 添加 ESP8266-OLED. zip 类库

在 Arduino IDE 开发环境，点击执行"项目"菜单下的"加载库"子菜单下的"添加一个
. zip 库"命令，打开添加 zip 类库对话框，见图 12-1，选择"esp8266-OLED. zip"类库文件，单击"打开"按钮，将 esp8266-OLED 类库添加到 Arduino IDE 开发环境。

重新启动 Arduino IDE 软件，点击执行"示例"菜单下的"ESP8266 OLED Display Library"下子菜单下的"Example"命令，见图 12-2，可以打开 ESP8266 OLED Display 样例程序。

2. 设计 ESP8266 控制 Web OLED 显示控制程序

（1）控制函数。

图 12-1 添加 zip 类库对话框

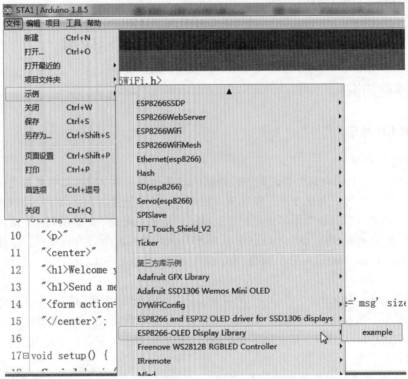

图 12-2 打开 ESP8266 OLED Display 样例程序

1) OLED 实例化函数。

OLED (uint8_t sda, uint8_t scl, uint8_t address=0x3c, uint8_t offset=0);

2) OLED 复位函数。

void OLED:: reset_display (void)

```
{
  displayOff();
  clear_display ();
  displayOn ();
}
```

3) 开启 OLED 显示函数。

```
void OLED::displayOn(void)
{
```

```
     sendcommand(0xaf);          //显示开启
}
```

4）关闭 OLED 显示函数。

```
void OLED::displayOff(void)
{
    sendcommand(0xae);//显示关闭
}
```

5）OLED 清屏函数。

```
void OLED::clear_display (void)
{
  unsigned char i, k;
  for (k=0; k<8; k++)
   {
    setXY (k, 0);
     {
      for (i=0; i< (128 + 2 * _offset); i++)        //定位所有列
     {
        SendChar (0);             //清除所有列
        //delay (10);
        }
     }
   }
}
```

6）OLED 初始化函数。

```
void OLED::begin(void)
{
    // set up i2c
    Wire.begin(_sda, _scl);
    init_OLED ();
    reset_display ();
}
```

7）OLED 显示打印函数。

```
void OLED::print(char * s, uint8_t r, uint8_t c)
{
DEBUG_PRINT (" print ");
DEBUG_PRINT (r);
DEBUG_PRINT (",");
DEBUG_PRINT (c);
DEBUG_PRINT (" ");
DEBUG_PRINTLN (s);
sendStrXY (s, r, c);
}
```

（2）Web OLED 显示控制程序。

```
#include <ESP8266WiFi.h>  //包含头文件 ESP8266WiFi
```

```
#include <ESP8266WebServer.h>    //包含头文件 ESP8266WebServer
#include <Wire.h>   //包含头文件 Wire
#include "OLED.h"    //包含头文件 OLED
ESP8266WebServer server(80);    //设置 ESP8266Web 服务器端口
//接入 Wi-Fi 的参数
const char* ssid = "601";
const char* password = "19871224";
//GPIO4(SDA) GPIO5(SCL)
OLED display(4, 5);   //创建 OLED 实例化对象
//设置 Web 页面
String form =
  "<p>"
  "<center>"
  "<h1>Welcome you to use myOLED </h1>"
  "<h1>Send a message to myOLED:</h1>"
  "<form action=' msg' ><p>Message:<input type=' text' name=' msg'
size=50 autofocus> <input type=' submit' value=' POST' ></form>"
  "</center>";
void setup() {
  Serial.begin(115200); //初始化串口波特率
  delay(20);
  display.begin();//初始化 OLED
  //开机初始画面
  display.print("ESP8266", 2, 4);
  display.print("WiFi OLED Display", 4, 2);
  delay(3000);
  display.clear();
  display.print("Start WiFi...");
  Serial.println();
  //初始化 Wi-Fi
  WiFi.disconnect();
  WiFi.mode(WIFI_STA);    //设置为 STA 工作模式
  Serial.println();
  Serial.println("Starting WiFi...");
  Serial.println(ssid);
  WiFi.begin(ssid, password); //连接指定的 Wi-Fi 路由器
  //显示连接的热点
  display.print("Start WiFi...");
  display.print("Connecting to ", 2, 0);
  char * buf = new char[strlen(ssid) +1];
  strcpy(buf, ssid);
  display.print(buf, 4, 1);
  int r = 6, c = 1;
```

```
    while(WiFi. status( ) ! = WL_CONNECTED) {
      delay (500);
      if (c > 15) {
        c = 1;
        for (int i = 1; i < 16; i++) {
          display. print ("  ", r, i);
        }
      }
      display. print (" .", r, c++);
    }
    display. clear ();      //清除内容
    Serial. println("WiFi Connected");   //换行打印 WiFi Connected
    Serial. println("IP address:");      //换行打印 IP address：
    Serial. println(WiFi. localIP());    //换行打印连接的 Wi-Fi 的 IP
    //整理转化 Wi-Fi 信息
    char sip[16];
    char smac[16];
    uint8_t mac [6];
    WiFi. macAddress (mac);
    IPAddress ip = WiFi. localIP ();
    sprintf (sip, "% i.% i.% i.% i", ip [0], ip [1], ip [2], ip [3]);
    sprintf (smac, "% 02X% 02X% 02X% 02X% 02X% 02X", mac [0], mac [1], mac [2],
mac [3], mac [4], mac [5]);
    //显示 Wi-Fi 信息
    display. print("WIFI Message:");
    display. print("IP:", 2, 0);
    display. print(sip, 3, 1);
    display. print("MAC:", 5, 0);
    display. print(smac, 6, 1);
    //响应浏览器访问
    server. on("/", []() {
      server. send(200, "text/html", form);
    });
    server. on("/msg", handle_msg);
    server. begin ();
  }
  void loop () {
    //监听客户端请求
    server. handleClient();
  }
  //发送 Web 页面，显示收到的数据
  void handle_msg () {
    display. clear ();
    server. send (200, " text/html", form);
```

```
char msg [50];
strcpy (msg, server. arg (" msg"). c_str ());
display. print (" Receive:");
display. print (msg, 2, 0);
}
```

⚙ 技能训练

一、训练目标

（1）了解 OLED。

（2）学会使用 OLED 函数及方法。

（3）学会调试 Web OLED 显示控制程序。

二、训练步骤与内容

（1）建立一个工程。

1）在 E 盘 ESP8266 文件夹，新建一个文件夹 M01。

2）启动 Arduino 软件。

3）添加 DYWiFiConfig 类库

4）选择执行"文件"菜单下"New"新建一个项目命令，自动创建一个新项目，保存在 M001 项目文件。

（2）编写程序文件。在 M001 项目文件编辑区输入"Web OLED 显示控制"程序，单击工具栏"💾"保存按钮，保存项目文件。

（3）下载调试程序。

1）单击"项目"菜单下的"验证/编译"子菜单命令，等待编译完成，在软件调试提示区，观看编译结果。

2）下载程序到 WeMos D1 开发板。下载完成，打开串口调试器，按下 RST 复位按钮，查看串口监视器显示内容，见图 12-3。

图 12-3　串口监视器显示内容

3）观察 OLED 显示屏初始化画面，OLED 初始化见图 12-4。

4）等待一段时间，观察连接 Wi-Fi 过程的 OLED 显示屏画面，连接 Wi-Fi 过程见图 12-5。

5）再等待一段时间，观察 Wi-Fi 连接成功的 OLED 显示屏画面，Wi-Fi 连接成功见图 12-6。

图 12-4　OLED 初始化

图 12-5　Wi-Fi 连接过程

图 12-6　Wi-Fi 连接成功

6）当 Wi-Fi 连接成功后，在浏览器地址栏输入 http://192.168.3.33/，按回车键，观察网页显示内容，见图 12-7。

图 12-7　观察网页显示内容

7）在网页的信息输入栏，输入"Welcome you"，单击"POST"按钮，观察 OLED 显示屏画面显示，OLED 接收的信息，见图 12-8。

图 12-8　OLED 接收的信息

任务 31 智能云控 LED

 基础知识

一、智能云

深圳四博智联科技有限公司是一家专注于物联网与智能硬件研发、生产及销售的创新性企业。公司在物联网飞速发展的经济环境下，把握市场机遇，进军智能家居行业，基于生活需求和场景的智能硬件信息互动平台，实现个性化生活场景，通过远程、定时等多种方式进行统一管理，为用户创造安全舒适的智慧家居体验，提高生活品质。

1. Doit 智能云

Doit 智能云是由深圳四博智联科技有限公司开发的可直接用于生产环境的物联网云平台。Doit 智能云可对单个设备或是一组设备进行远程控制、接收上传数据并实时展示、实现定时任务（精确到秒）等，特有的事件统计功能可以对每台设备的开机时间和时长进行统计和分析。

针对日益增长的物联网控制智能设备需求，Doit 智能云可实现：

（1）每台设备可生成唯一的二维码，该二维码可被微信和手机 App 同时扫描绑定。若设备数量在 10 万以下，可直接免费使用 Doit 智能云实现微信控制，省去微信 API 复杂开发流程。

（2）对每一类产品，生成产品标示二维码，通过微信或者手机 App 实现该类产品的批量推送和控制。

（3）在设备端提供最全面的配置上网方式案例，包括微信的 Airkiss、ESP-Touch（针对 ESP8266）、Easylink（针对 EMW3165）、Soft AP、网页配置等，确保只要有路由器，就能使设备配置上网成功。

（4）控制方式多种多样，手机 App 控制、微信控制、直连 Soft AP 控制、局域网控制等。

（5）支持 TCP、Websocket 等多种接入方式。在协议设计上，采用纯文本协议，支持推送、上传、管道等多种通信功能，保证数据传输的便利性、实时性和安全性。

2. Doit 智能云平台

Doit 智能云平台是一个非常好的物联网产品开发实验云平台，用户借助它可以调试与检验物联网设备控制程序，用户可上传数据到云端，也可反向控制物联网设备的运行，还可以实时监控设备的运行状态。

基于强大的 Doit 智能云平台，用户可开发各种智能插座、智能灯或智能小车类产品，开发使用手机端、微信端、设备端的程序。在开发过程中，Doit 智能云提供设备虚拟功能，可实现并行开发，加速产品的开发进程。

二、智能云平台的应用

下面通过基于智能云的 LED 实验，介绍智能云平台的应用。

1. 上网智能云平台

（1）注册用户账号。

1）在浏览器输入 "http://iot. doit. am"，打开智能云平台网站。

2）弹出注册登录对话框，第一次使用时，填写用户 Uid 标识和 password 密码，见图 12-9。

3）单击"sign up"按钮，再次填写用户 Uid 和 password，单击"submit"确认，见图12-9。

图 12-9 登录对话框

4）网站弹出对话框"Successxiao1"，单击"OK"按钮，完成用户账号的注册。

（2）登录智能云平台。在注册登录对话框，填写用户 Uid 标识，填写 password 密码。单击"login"按钮，登录智能云平台。

（3）退出智能云平台。在默认的界面左下角，单击"Start"按钮，在弹出的对话框中，单击"logout"按钮，再单击"Yes"按钮，最后单击"OK"按钮，可以退出智能云平台。

（4）获取 API 的 Key（见图 12-10）。

图 12-10 获取 API 的 Key

1）单击"Get API Key"按钮，弹出"Get API Key"对话框；

2）双击对话框用户名后的绿色"+"号，弹出 API Key 对话框；

3）复制获得的 API Key，"3ad496b21add290215265a80224d1dbf"，留作编制程序时使用。

2. 添加设备

（1）单击"Device Control"按钮，弹出"Device Control"对话框；

（2）单击"Device Control"对话框的"Add Device"按钮，弹出"Add Device"对话框；

（3）在"Add Device"对话框，填写设备名"myLED1"，单击"OK"按钮，在"Device Control"对话框增加一个设备。

（4）若想删除设备，单击设备名，再单击"Device Control"对话框的"Delete Device"删除设备按钮，该设备就被删除了。

3. 阅读使用协议

平台基于 TCP 通信，服务器 IP：iot.doit.am，端口：8810。

平台采用 key，进行用户验证，key 通过 http://iot.doit.am 获得。

（1）数据上传：

cmd = upload&device _ name = arduino&data = 126&uid = demo&key = c514c91e4ed341f263e458d44b3bb0a7 \ r\ n

应答：cmd＝upload&res＝1

通过 http://iot.doit.am 可以实时查看。

（2）控制设备。

1）先订阅自己的用户 id：

cmd＝subscribe&uid＝demo \ r\ n

应答：cmd＝subscribe&res＝1

2）通过 http://iot.doit.am 发送控制命令。

3）设备得到命令：

cmd＝publish&device_name＝humidity&device_cmd＝poweron

4. 基于智能云的 LED 控制

智能云控 LED 程序：

```
#include <ESP8266WiFi.h>   //包含头文件 ESP8266WiFi
#include <Ticker.h>        //包含头文件 Ticker
#define led 14       //宏定义 led
#define u8 unsigned char    //宏定义 u8
Ticker timer;       //实例化 Ticker
const char* ssid    = "601";  //用户 ssid
const char* password = "a1231224";   //用户密码
const char* host = "iot.doit.am";    //物联网云平台
const int httpPort = 8810;    //云平台端口
const char* streamId  = "xiao";   //用户 Uid
const char* privateKey = "caf2e59479039145b1869aeef5349069"; //用户 API Key
char str[512];
WiFiClient client;//使用 Wi-Fi 客户端类创建 TCP 连接
//反向控制 LED 程序
```

```
unsigned long MS_TIMER = 0;
unsigned long lastMSTimer = 0;
String comdata = "";
char flag = false;
void sensor_init ()    //用户设备初始化
{
  pinMode(led, OUTPUT);
  digitalWrite(led, LOW);
}
void setup()
{
  Serial.begin(115200);   //串口波特率设置
  MS_TIMER = millis ();    //取设备运行的 millis
  sensor_init ();
  delay (10);
  WiFi.disconnect ();    //断开 Wi-Fi 连接
  WiFi.mode(WIFI_STA);    //Wi-Fi 的模式设为 STA
  //连接到 Wi-Fi 网络
  Serial.println();
  Serial.println();
  Serial.print("Connecting to ");
  Serial.println(ssid);
  WiFi.begin(ssid, password);
  while(WiFi.status() ! = WL_CONNECTED)
   {
    delay (500);
    Serial.print (".");
   }
  Serial.println ("");
  Serial.println (" WiFi connected");
  Serial.println (" IP address: ");
  Serial.println (WiFi.localIP ());
  delay (50);
  Serial.print (" connecting to ");
  Serial.println (host);
  //使用 Wi-Fi 客户端类创建 TCP 连接
  if(! client.connect(host, httpPort))
  {
    Serial.println("connection fail!");
    return;
  }
  Serial.println("connection ok.");
}
unsigned long lastTick = 0;
```

```
void loop()
{
  if(millis() - lastTick > 1000)
  {
    lastTick = millis();
    static bool first_flag = true;
    if (first_flag)
     {
      first_flag = false;
      sprintf (str, " cmd=subscribe&topic=% s \r \n", streamId);
      client.print (str);
      return;
     }
  }
  if (client.available ())    //如果客户端有数据
  {
      //读取服务器的应答的所有行，并把它们打印到串口
     String recDataStr = client.readStringUntil(' \n' );
     Serial.println(recDataStr);
      if ( recDataStr.compareTo ( " cmd = publish&device _name = myLED1 &device _cmd =
lbopen \r") = = 0)    //读取 myLED1 设备的命令是 lbopen 开灯
       {
        digitalWrite(led, HIGH);
        Serial.println("Light is ON");
       }
  else if( recDataStr.compareTo(
  "cmd=publish&device_name=myLED1&device_cmd=lbclose \r") = = 0)
  //读取 myLED1 设备的命令是 lbclose 关灯
       {
        digitalWrite(led, LOW);
        Serial.println("Light is OFF");
       }
  }
}
```

程序首先初始化设备，连接用户的 Wi-Fi 网络，再连接智能云平台。
定时循环监控智能云平台发出的用户命令，控制 LED 的运行。
用户在使用本程序时，注意使用用户的 Uid 和密码和设备名，使用自己的开灯、关灯命令字。

技能训练

一、训练目标

（1）了解智能云平台。
（2）学会使用智能云平台。

（3）学会调试智能云控 LED 程序。

二、训练步骤与内容

（1）建立一个工程。

1）在 E 盘 ESP8266 文件夹，新建一个文件夹 M02。

2）启动 Arduino 软件。

3）添加 Ticker 类库。

4）选择执行"文件"菜单下"New"新建一个项目命令，自动创建一个新项目，保存在 M002 项目文件。

（2）编写程序文件。在 M002 项目文件编辑区输入"智能云控 LED"程序，单击工具栏"🖫"保存按钮，保存项目文件。

（3）下载调试程序。

1）单击"项目"菜单下的"验证/编译"子菜单命令，等待编译完成，在软件调试提示区，观看编译结果。

2）下载程序到 WeMos D1 开发板。下载完成，打开串口调试器，按下 RST 复位按钮，查看串口监视器显示内容，Wi-Fi 网络连接见图 12-11。

图 12-11　Wi-Fi 网络连接

3）上网智能云平台，单击"Device Control"按钮，弹出"Device Control"对话框。

4）单击"Device Control"对话框中的设备 myLED1。

5）单击"🖾"发送命令到你的设备按钮，见图 12-12，弹出发送命令对话框。

6）在发送命令对话框输入"lbopen"命令，见图 12-13，单击"OK"按钮，通过智能云平台发送命令，观察 WeMos D1 控制板 LED 状态。再单击"OK"按钮，结束开灯命令。

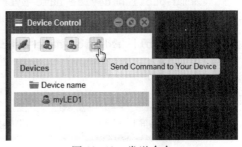

图 12-12　发送命令

7）观察串口监视器的显示。

8）在发送命令对话框输入"lbclose"命令，见图 12-14，单击"OK"按钮，通过智能云平台发送命令，观察 WeMos D1 控制板 LED 状态。再单击"OK"按钮，结束关灯命令。

图 12-13　输入开灯命令　　　　　　图 12-14　输入关灯命令

9）观察串口显示器的显示，注意两次发送命令对应显示的结果，观察接收命令结果见图 12-15。

图 12-15　观察接收命令结果

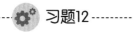 习题12

1. 如何应用 WeMos D1 控制板显示网络连接信息？
2. 如何实现智能云控多只 LED？
3. 如何进行智能云的数据传送与接收？